6

'S GUIDE TO
SOCIAL,GOVERNANCE

ESG イーエスジー 超入門

バウンド 著

夫馬 賢治（株式会社ニューラルCEO）監修

技術評論社

SASBマテリアリティマップ®

業種別の重要課題がひと目でわかる

注：右記11セクターの下には計77産業が分類されており、産業ごとにマテリアリティは少しずつ異なります。本マップ使用の際には産業別マテリアリティマップの参照が推奨されます。SASBウェブサイト(英語のみ、https://materiality.sasb.org/) のマップ内にある「Click to expand」をクリックすることで参照できます。

課題分類	セクター	消費財	抽出物・鉱物加工	金融	食品・飲料
	主な産業	•アパレル •電化製品 •建築製品・家具 •Eコマース •日用品 •小売・流通 •玩具・スポーツ用品	•石炭 •建築資材 •鉄鋼 •鉱業 •石油・ガス	•資産管理 •銀行 •消費者金融 •保険 •投銀行・証券 •住宅ローン •証券&商品取引所	•農産物 •アルコール飲料 •食品小売 •食肉 •乳製品 •非アルコール飲料 •加工食品 •レストラン •たばこ
環境	GHG排出量		●		●
	大気質		●		
	エネルギー管理	○	○		●
	水及び排水管理	○	●		●
	廃棄物及び有害物質管理		●		○
	生物多様性影響		●		○
社会関係資本	人権及び地域社会との関係		○		
	お客様のプライバシー	○		○	
	データセキュリティ	○		○	○
	アクセス及び手頃な価格			○	
	製品品質・製品安全	●			●
	消費者の福利				●
	販売慣行・製品表示			●	●
人的資本	労働慣行	○	○		○
	従業員の安全衛生		●		○
	従業員参画、ダイバーシティと包摂性	○		○	
ビジネスモデル&イノベーション	製品及びサービスのライフサイクルへの影響	●	○	●	●
	ビジネスモデルの強靭性		○		
	サプライチェーンマネジメント	●	○		●
	材料調達及び資源効率性	○			●
	気候変動の物理的影響			○	
リーダーシップ&ガバナンス	事業倫理		○	●	
	競争的行為		○		
	規制の把握と政治的影響		○		
	重大インシデントリスク管理		●		
	システミックリスク管理			●	

表の見方	●：セクター内でその課題が重要な産業が5割以上	○：セクター内でその課題が重要な産業が5割以下	無印：そのセクターにとって重要課題ではない

ヘルスケア	インフラ	再生可能資源・代替エネルギー	資源転換	サービス	技術・通信	運輸
・バイオ・医薬品 ・ドラッグストア ・介護 ・医薬品卸 ・マネージド・ケア ・医療機器	・電力 ・エンジニアリング&建設 ・ガス ・住宅建築 ・不動産 ・廃棄物処理 ・水道	・バイオ燃料 ・森林管理 ・燃料電池・産業用バッテリー ・紙・パルプ ・太陽光エネルギー ・風力エネルギー	・航空宇宙・防衛 ・化学 ・容器・包装 ・電気・電子機器 ・産業機械・機器	・広告・マーケティング ・カジノ・ゲーム ・教育 ・ホテル ・レジャー ・メディア・エンターテインメント ・専門・商業サービス	・開発・製造受託 ・ハードウェア ・ネットメディア・サービス ・半導体 ・ソフトウェア・IT ・通信	・航空貨物 ・航空 ・自動車部品 ・自動車 ・レンタカー・リース ・クルーズ船 ・海運 ・鉄道 ・道路
○	○	○	○		○	●
	○	○	○			●
○	○	●	●	○	●	○
	○	●	○	○	○	
○	○	○	●		○	○
	○	○		○		○
○		○	○			
				○	●	
●			○	○	●	
●	○					
●	○		●	○		○
●				○		
●				○		
	○			○	○	○
○	●	○	○	○	○	●
○				○	●	
○	●	●	●		●	○
	●					
○		○	○		○	○
	○	●	●		●	○
○	○	○		○		
●	○		○	○		○
				○	●	○
		○	○			
	○	○	○			●
	○				○	

出所：SASBウェブサイト、2020年3月現在 ／©SASB/三菱UFJリサーチ&コンサルティング株式会社（和訳版）を再編集

Contents

Part 4
ESGを実践するのは企業経営の常識に！

なぜ企業は「ESG経営」を推し進めるのか

Part 5
消費者に支持されれば心強い味方になってくれる！

ESGを推進するには「消費者」を巻き込め

Part 7 先進的な実践事例からESGを学ぶ
ESG経営を行う大企業の戦略を見てみよう

THE BEGINNER'S GUIDE TO ENVIRONMENT, SOCIAL, GOVERNANCE

Part 1

ビジネスパーソンが
押さえておくべき現代のキーワード

ESGとは いったいどのような ものか？

いったい「ESG」とは何なのか?

環境、社会、ガバナンスの観点が重視されるようになった

近年、ビジネスの現場にかぎらず、さまざまなところで「ESG」という言葉を目にする機会が増えました。しかし、「ESG」の明確な定義をどこかの機関や団体が定めているわけではありません。

本書がこれから1冊分の紙幅を割いて「ESG」を説明することからもわかるように、たった3文字のアルファベットで表される言葉ですが、WHOは「世界保健機関」、Badは「悪い」といったようにパッと説明できるほど単純ではなく、奥が深い言葉なので順を追って説明していきましょう。

まず、「E」「S」「G」がそれぞれ何を意味するのかですが、次の3つの単語の頭文字を並べたものです。

- Environment(環境)
- Social(社会)
- Governance(ガバナンス=企業統治)

これから「E」「S」「G」のそれぞれについて、具体的にどのようなことなのかを説明していきますが、ESGという言葉が世界的に普及・浸透しているのには、それなりの背景があるはずです。その背景を理解しながら、**企業、ビジネスパーソン、投資家、消費者といった多面的な視点で、ESGという言葉の本質的な意味を理解していく必要があります。**そのうえで、実際にどのようなことができるか、どんなことをすべきかを考え、実際に行動することが求められています。ESGは英単語のように意味を覚えただけでは無用の長物です。世界中がこれまでの行動様式を変えるための考え方なのです。

「環境」「社会」「ガバナンス(企業統治)」がESG

CHECK
Environment
環境

- 温室効果ガス排出量の削減を行っているか?
- 生物多様性の保全に積極的か?
- 環境ビジネスを展開しているか?
- 再生可能エネルギーを活用しているか? など

CHECK
Social
社会

- 労働環境の改善を行っているか?
- 個人情報保護が高い水準か?
- 女性管理職の比率は高いか?
- 人材育成を行っているか? など

CHECK
Governance
ガバナンス
(企業統治)

- 法令を遵守しているか?
- 情報開示に積極的か?
- 社外取締役を設置しているか?
- 公正な競争を行っているか? など

まとめ
□ ESGは「環境」「社会」「ガバナンス(企業統治)」を指す言葉
□ ESGはこれまでの経営手法を変えるための考え方

「E」の「環境」とは具体的にはどんなこと？

ESGの3要素のなかでも最重要の課題

ESGの**「E」は環境（Environment）**ですが、具体的にはどのようなことが含まれるのでしょうか。簡単なのは、「環境問題」として取り上げられる、さまざまな問題を思い浮かべることです。気候変動、森林破壊、海洋汚染、大気汚染、生物多様性の喪失、絶滅危惧種の増加など、さまざまな問題が思い浮かぶはずです。それはすべて「E」に当てはまる問題です。

こうした問題が個人や企業の日常にどう関連しているかを考えてみると、よりイメージがはっきりしてきます。たとえば、温室効果ガスを排出するガソリン車を使うことは「気候変動」につながっていますし、ペットボトルを利用したり、ペットボトルを使った商品をつくっていれば、海の生物や環境に多大な悪影響を与える「海洋プラスチックごみ問題」につながっていることがわかります。

私たち人間は、自然環境の恵みがあってこそ経済が成り立っているということを忘れ、環境を顧みずに野放図にふるまってきました。そのひずみがずいぶん前から顕在化していたのにもかかわらず、その問題解決を先送りにしてきましたが、いよいよそれも限界に近づいています。

これ以上、環境に負荷をかけ続ければ、環境の土台の上に成り立っている私たちの生活は大きく揺らぐことになります。こうした危機的な状況から目を反らして、「誰かが解決してくれる」と他人ごとにするのではなく、**私たちは環境問題を自分ごととして考え、行動することが強く求められています。**

ESGの「E(環境)」にはどんなことが含まれるのか?

環境
Environment

温室効果ガスの排出量が多くないか、環境汚染をしていないか、
再生可能エネルギーを使っているかなど、
環境問題に対応すること

やるべきこと・考えるべきこと

- 気候変動対策
- 温室効果ガス排出量の削減
- 化学物資の管理
- 再生可能エネルギーの活用
- 水質汚染対策
- 大気汚染対策
- 海洋プラスチックごみ対策
- 森林破壊の阻止
- 生物多様性の喪失の阻止
- 外来種の侵入対策
- 砂漠化や土壌の劣化の阻止
- 水資源の偏在対策
- 廃棄物対策

など

まとめ

- □「E(環境)」は環境問題を解決することを指す
- □豊かな環境なくして、豊かな経済活動は成立しない

「S」の「社会」とは具体的にはどんなこと?

人権、差別など広範な問題が含まれる

ESGの**「S」は、「社会(Social)」**を意味しています。多くの人にとって、「社会」が具体的にどのようなことを指すのか悩むところです。その点では、「E(環境)」よりもわかりづらいかもしれません。

ESGにおける「S(社会)」は、一般に社会全体で解決しなければならないと認識されている問題です。その範囲は広範で、男女不平等、過重労働や児童労働、セクハラやパワハラなどが含まれます。極端なことをいえば、**環境問題ではない多くの問題は「S(社会)」に含まれる**と考えていいでしょう。

たとえば、世界経済フォーラムが毎年発表する男女間の不均衡を示す「ジェンダー・ギャップ指数」は、日本はG7のなかでも飛び抜けて低い順位です。日本でもジェンダー平等に対する意識は高まっているとはいえ、2021年3月発表のランキングでは、調査対象の156カ国中120位と男女間の不均衡が大きいままです。

英語で「karoshi(過労死)」と表現されることで知られるように、死ぬまで働く過重労働も日本が抱える大きな問題で、それが原因とされる自殺がたびたび話題になります。

2021年に入り、ユニクロが中国・新疆(しんきょう)ウイグル自治区産の綿の使用を米国などから問題視されました。中国政府に弾圧されているとされる少数民族ウイグル族の強制労働によって生産された疑いがあり、深刻な人権問題に関与していると受け止められたからです。

ESGの「S」は、このようなさまざまな社会問題を解決することを考え、行動することを指します。

ESGの「S(社会)」にはどんなことが含まれるのか?

ジェンダー不平等ではないか、労働環境は悪くないか、
人権侵害をしていないかなど、
社会のさまざまな問題に対応すること

やるべきこと・考えるべきこと

- 労働者の権利の保護
- 労働者の安全衛生の確保
- 製品の安全性の確保
- ジェンダー格差の撤廃
- あらゆる差別の撤廃
- ダイバーシティの確保
- ワーク・ライフ・バランスの確保
- 有能な人材の採用・育成
- 地域社会への支援
- サプライチェーンの人権リスク管理
- 児童労働の撲滅
- 強制労働の撲滅

など

まとめ

- □「S(社会)」はさまざまな社会問題を解決することを指す
- □ 社会には解決すべき、さまざまな問題が山積している

「G」の「ガバナンス」とは具体的にはどんなこと?

企業が正しきことを行うことは最大のリスク・マネジメント

「G」の「ガバナンス(Governance)」は、英語の「統治する、支配する、管理する」という意味の動詞「Govern」の名詞形です。「集団・組織の統治、支配、管理」の意味で使われますが、**ESGの「G」は「コーポレート・ガバナンス(企業統治)」を指す**ことがほとんどです。一般に、統率がとれている状態は「ガバナンスが効いている」、そうでない状態は「ガバナンスが効いていない」と表現されます。

この言葉が注目されるのは、企業による不祥事が繰り返されているからです。記憶に新しいかんぽ生命による保険の不適切販売やスルガ銀行による投資用不動産向けの不正融資は、ガバナンスが効いていない組織が起こした不祥事の典型例です。目先の利益に目がくらんで不正を行った両社は、金融庁から一部業務停止命令の行政処分を受けましたが、社会的信用を失ったことで経営的にも大きな代償を払うことになりました。

ガバナンスが効いていない組織では、不祥事や問題が起きるリスクが高まります。もし不祥事や問題が発生すれば、株主離れや消費者離れが起き、競争力・収益力の低下につながり、経営に甚大な悪影響を与えます。逆にいえば、ガバナンスが効いた組織をつくれば、甚大な悪影響が及ぶようなリスクを低減できるということです。

「ガバナンス」では、**「E(環境)」と「S(社会)」の観点もふまえたサステナビリティ(持続可能性)が重要な経営課題であると捉えることが重要**です。そのうえで企業は中長期的なガバナンスが実行できているかが評価されます。

ESGの「G（ガバナンス）」にはどんなことが含まれるのか？

ガバナンス
Governance

企業が業績や評判の悪化に結びつくような
不祥事などを回避するために、
公正で透明性のある体質を構築すること

やるべきこと・考えるべきこと

- 情報開示の透明性
- 取締役や監査役の資質
- 長期的な経営戦略の策定
- 取締役会の独立性・多様性の確保
- ステークホルダーとの対話
- コンプライアンス（法令順守）
- 適切な納税の遂行
- 贈収賄などの汚職防止
- リスク管理体制の構築
- 適正な役員報酬の設定
- サイバーセキュリティ対策
- BCP（事業継続計画）策定

など

まとめ

- ☐「G（ガバナンス）」は企業統治のことを指す
- ☐ガバナンスとは企業が「やるべきことをきちんとやる」こと

なぜ、ESGが注目されるようになってきたのか?

環境、社会、ガバナンスに問題がある裏返し

ESGという言葉が使われるきっかけは、2006年に国連のアナン事務総長（当時）が提唱したPRI（責任投資原則）です。PRIについてはP.34で詳しく説明しますが、簡単にいえば、「環境、社会、ガバナンスに配慮して、投資家は投資するべき」と世界に向けて宣言したのです。しかし、これはあくまでもきっかけにすぎません。

ESGが注目されるのは、世界における「環境」「社会」「ガバナンス」がいい状態でないからです。

世界各地で環境が破壊され、地球に大きな負荷をかけています。人権侵害や貧困問題、ジェンダーの不平等、人種差別などの問題もなくなっていません。短期的な利益を過剰にまで追求するあまり不祥事を起こす企業もあとを絶ちません。過去を振り返っても日本企業だけでもたくさんの問題が起こっています（右ページ図参照）。

これまでもさまざまな問題が起こるたびに、私たち人類は良い方向へ向かうべく努力してきましたが、環境問題にしても人権問題にしても依然として深刻な状態になっています。

経済活動のために環境破壊を続けることは、長期的な視点で見ると自然の恵みを利用して経済活動を行っている私たち人間にとって大きな不利益です。人権問題に対応せずに放置すれば、人々の可能性や能力を阻害することになり、めぐりめぐって経済成長に悪影響を及ぼします。これまで企業は経済成長のためにESG課題を無視してきましたが、それはまったくの逆です。経済成長を持続させるためには、ESGを犠牲にしてはいけないのです。

日本企業が起こしたESGに関するおもな事件

E 環境

1956年
- 新日本窒素肥料(現・チッソ)/水俣病

1960年
- 石原産業、三菱油化など/四日市ぜんそく

1964年
- 昭和電工/新潟水俣病

1968年
- 三井金属鉱業/イタイイタイ病

2011年
- 東京電力/福島第一原発事故

S 社会

1996年
- 米国三菱自動車製造/集団セクハラ訴訟

2008年
- ワタミ/従業員の過労自殺

2014年
- ベネッセ/3,504万件の個人情報流出

2015年
- 電通/新入社員の過労自殺

2016年
- 楽天/上司の暴行による労災認定

G ガバナンス

2011年
- オリンパス/不正会計問題

2015年
- 東芝/不正会計問題

2017年
- 神戸製鋼/データ改ざん問題

2018年
- 日産自動車/カルロス・ゴーンCEOの金融商品取引法違反

ESG

まとめ
- □ ESGが注目されるのは、解決すべき問題があることの裏返し
- □ 企業は不祥事を起こしてきたが、いまだになくなっていない

ESGに対するスタンスはおおまかに4つに分けられる

環境・社会への配慮と利益の両立を目指すのが主流に

ESGに対するスタンスは、企業によって異なります。「社会や環境への影響を考慮するスタンス」、「社会や環境への影響を考慮したときの利益の増減に対する見方」の2軸で、①ニュー資本主義、②陰謀論、③脱資本主義、④オールド資本主義の4つに大別できます。それが右ページのマトリクスです。

日本企業の多くは、「④オールド資本主義」の立ち位置にいます。簡単にいえば、「環境や社会に配慮すれば、利益が減るのでそんなことはできない」と考えているわけです。いま、この本を読んでいる人の多くもその立場かもしれません。

「③脱資本主義」は、「利益が減っても環境・社会に配慮すべき」という立場です。この考えの最大の欠点を端的にいえば、企業としてこの立場を続けると、経営が早晩成り立たなくなり、「環境・社会に配慮する」という理想の追求が持続不可能になることです。

「④陰謀論」は、ここでは多くは触れませんが「社会・環境に配慮して利益が上がるなんて……」と目に見えない勢力の暗躍などを勘ぐるような立場の人です。

そして「①ニュー資本主義」は、これから本書で説明する「社会・環境に対するアクションをしながら、利益の追求を目指す」という考え方です。依然、日本企業の多くは「④オールド資本主義」にとどまっています。しかし、**ヨーロッパのグローバル企業を中心に「④オールド資本主義」からなだれを打つように「①ニュー資本主義」へ移行する動きが加速**しており、それが主流になろうとしています。

経済認識に関する4分類モデル

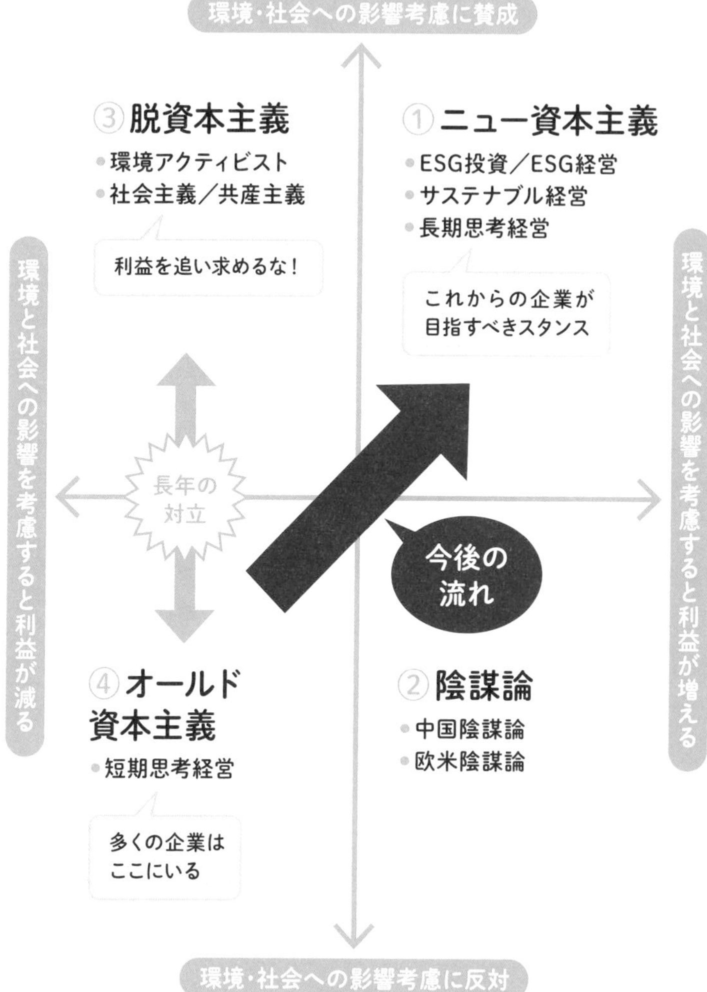

出典：夫馬賢治「ESG思考 激変資本主義1990-2020、経営者も投資家もここまで変わった」(講談社)

まとめ

- □ 従来は「オールド資本主義」がオーソドックスな考え方だった
- □「ニュー資本主義」へ考えを変えることが求められている

「ESG」と「SDGs」の違いと関係性を理解する

SDGs はESG のアクションを起こすヒントになる

ESG と似ている言葉に、**SDGs（Sustainable Development Goals：持続可能な開発目標）**がありますが、本質的な意味はまったく異なります。

SDGs は、国連が 2030 年までに持続可能な社会を実現するために達成を目指す全世界共通の 17 の「目標」です。目標①「貧困をなくそう」、目標②「飢餓をゼロに」というように 17 の目標を掲げ、それぞれの目標には、より具体的な 169 のターゲットが設定されています。たとえば、目標①「貧困をなくそう」には、「2030 年までに、現在 1 日 1.25 ドル未満で生活する人々と定義されている極度の貧困をあらゆる場所で終わらせる」「2030 年までに、各国定義によるあらゆる次元の貧困状態にある、すべての年齢の男性、女性、子どもの割合を半減させる」といったターゲットが設定されています。その対象は全世界の人々、企業、国などを含みます。

一方、ESG は SDGs のような「目標」ではありません。環境、社会、ガバナンスという 3 つの非財務的な観点が企業の長期的な成長に影響するという考え方です。そのうえで ESG と SDGs の関係性を見ると、企業が経済成長を続けるために ESG を実践する際に、将来的なリスクや機会を見出すためのヒントになるのが SDGs です。SDGs が掲げる目標の裏にあるさまざまな課題の解決に貢献することは自社のビジネスチャンスに直結します。一方、環境破壊や人権侵害など、目標の達成に逆行する行為は評判を落とすだけでなく、経済的ダメージを受けるリスクになるということです。

SDGsとESGの違い

Environment
環境

Social
社会

Governance
ガバナンス
(企業統治)

ESG

持続可能な社会を実現するために
行動するときの3つの観点(手段)

SDGs

《持続可能な開発目標》

2030年までに達成を目指す、国連が定めた17の「目標」

※本文の内容は、国連またはその当局者または加盟国の見解を反映したものではありません。
出典:国際連合広報センター(URL=https://www.un.org/sustainabledevelopment/)

まとめ

- □ SDGsは全世界が一丸となって達成を目指すべき「目標」
- □ SDGsの目標を見れば、ESGを実践する際のヒントになる

「ESG」と「CSR」「CSV」の違いを理解する

CSRとCSVは「自発的」、ESGは「外圧」

ESGとCSR、CSVの違いに混乱する人も少なくありません。

企業はこれまでに公害問題や粉飾決算など、さまざまな問題を起こしてきました。こうした経験から消費者、投資家、社会全体などのステークホルダーに対する適切な意思決定を行い、倫理的観点から自主的に社会貢献する**CSR**（**企業の社会的責任**：Corporate Social Responsibility）が強く意識されるようになりました。CSR活動には、法令順守やステークホルダーに対する説明責任を果たすことも含まれますが、一般には本業の利益とは直接は結びつかない寄付（企業による養護施設への寄付など）やボランティア活動（企業による海浜清掃など）、**企業が自主的にお金や時間を使って「善きこと」を行うといったイメージが強くなっています。**

似た言葉に、世界的な経営学者M・ポーター氏が提唱したCSV（**共有価値の創造**：Creating Shared Value）があります。相容れないと考えられていた「利益」と「社会貢献」の両立を目指す考え方で、「社会的問題・課題解決のビジネス化」ともいわれます。CSRよりも本業の利益を重視する考え方です。ちなみに、欧州では日本でCSVとされるものも「CSR」と表現されることがほとんどです。CSRが時代の変遷を経て、CSVと同義で捉えられているからです。

ESGは企業によるCSVの実施度合いを「E」「S」「G」の3要素に分けることで、他社との比較をできるようにしたものです。これによって企業が「利益」と「社会貢献」の両立を目指すうえで、何をすればいいのかがより明確になったといえます。

ESGとCSR、CSVの違い

ESG

Environment, Social, Governance

環境・社会・ガバナンス

- 2006年に国連事務総長アナン氏がPRI(P.34)で提唱

投資家や消費者から求められるESGを考慮した企業活動によって世界的な課題解決を目指す

CSR

Corporate Social Responsibility

企業の社会的責任

- 1990年代より使われ始める

企業が自発的に考える、本業とはあまり関係のない寄付やボランティア活動などによる社会貢献

CSV

Creating Shared Value

共有価値の創造

- 2011年にM・ポーター教授らが提唱

企業が自発的に考える、社会的問題・課題解決のビジネス化

まとめ

- □ 日本における「CSR」は利益に結びつかない社会貢献活動
- □ ESG、CSVは「本業の利益」と「社会貢献」の両立を目指す

経済は「リニア」から「サーキュラー」の時代に

持続可能な社会を目指す経済への転換が求められている

私たち人類はこれまでに、自然界から取り出した資源を使ってモノをつくり、消費し、資源をリサイクル・再利用することなく捨ててきました。大量生産・大量消費・大量廃棄の直線的（リニア）にモノが流れる「リニア・エコノミー」でした。

その結果、資源不足やさまざまな環境問題が起こりました。それらが看過できなくなってきたことで、より環境への負荷が少ないものへと転換することが求められるようになっているのは、周知のとおりです。いまでは資源を取り出し、生産、消費したあとにその資源を再利用して円を描くように循環（サーキュラー）させ、資源やエネルギーの消費、廃棄物の発生を少なくすると同時に、その循環の過程でも価値を生み出すことで、**経済成長と環境負荷の低減の両立を目指す「サーキュラー・エコノミー（CE：循環経済）」への転換が求められています**。リニア型の発想はもはや時代遅れなのです。

従来のオールド資本主義では、企業は環境負荷の低減をコスト要因と考えがちでした。しかし、「ニュー資本主義」的な発想といえるCEは、右ページ下にある5つのビジネスモデルのように、リサイクルだけにとどまらず、廃棄物を出さずに資源循環をしながら利益を生むビジネスモデルを構築して経済成長との両立を目指します。

ESG、SDGs、CSR、CSV、CEとさまざまな言葉がありますが、いずれも**目指すのは「サステナブル（持続可能）な社会」の実現**です。

その中心的な役割を担う主体として、企業は責任ある行動が求められています。

「リニア・エコノミー」から「サーキュラー・エコノミー」へ

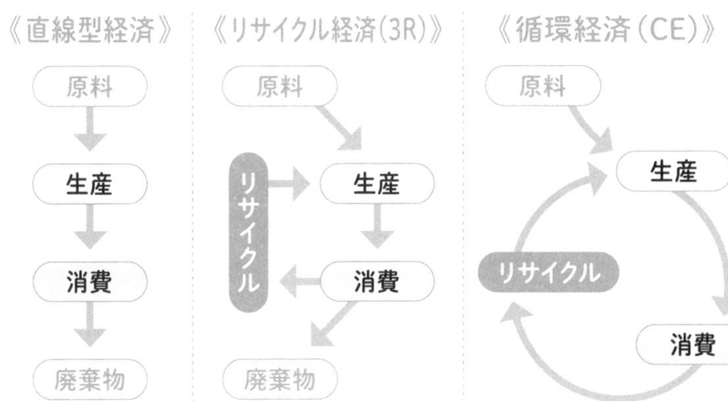

出所：オランダ政府「From a linear to a circular economy」

循環経済の5つのビジネスモデル

再生型サプライ	原材料に関わるコストを削減し、安定調達を実現するために、繰り返し再生し続ける、100%再生可能な原材料や生分解性のある原材料を導入する
回収とリサイクル	これまで廃棄物と見なされてきたあらゆるものを、他の用途に活用することを前提とした生産／消費システムを構築する
製品寿命の延長	製品を回収し保守と改良をすることで、寿命を延長し新たな価値を付与する
シェアリング・プラットフォーム	Airbnbのようなビジネスモデル。使用していない製品の貸し借り、共有、交換によって、より効率的な製品／サービスの利用を可能にする
サービスとしての製品(Product as a Service)	製品／サービスを利用した分だけ支払うモデル。どれだけの量を販売するかよりも、顧客への製品／サービスの提供がもたらす成果を重視する

出所：アクセンチュア ホームページ

まとめ

- [ ] **サーキュラー・エコノミーは、持続可能な社会の実現のため、「経済成長」と「徹底した省資源」の両立を目指す考え方**

ESGの視点はもはや一時的なトレンドではない

「ESG」を意識しなかった世界への逆戻りはありえない

ESGという言葉を、ビジネスの世界で次々に出てきては消えていく流行り言葉のようにとらえている人もいるかもしれません。しかし、**ESGは一時的な流行ではありません。**

このまま行けば、地球環境が取り返しのつかない危機的な状況に陥ることは、多くの人はうすうす気づいています。貧困や格差社会、ジェンダーの不平等、肌の色による差別など、社会のなかに顕在化しているさまざまな歪みや理不尽について、当事者として直接的におかしいと感じている人もいるでしょうし、当事者でなくてもなんとかしなければいけないと考えている人もいるでしょう。

Part2以降で詳しく説明していきますが、年金積立金管理運用独立行政法人（GPIF）が東証一部上場企業を対象にしたアンケート調査によると、企業はESGに関するさまざまなテーマを重視していることがわかります。また、GPIFは同じアンケート調査で「長期ビジョン」の捉え方についても聞いています。その結果から**10年以上の長期的視野で考える企業が増える傾向がある**ことがわかります。企業は社会の要請に応じてESG活動を活発化させていますが、長期的ビジョンをもってESGに取り組もうとしはじめているのです。

企業のみならず個人にもESGという言葉が浸透していけば、わざわざESGという言葉を使う必要性が薄れていくかもしれませんが、ESG課題の解決は人類にとって普遍的な問題です。今後、企業はどれだけ解決につながる行動ができるかが求められ、その成果が問われるようになっていくはずです。

日本企業のESG活動における主要テーマ

順位	テーマ	2019年度	2018年度比増減
1位	コーポレート・ガバナンス	70.8%	-0.4%
2位	気候変動	53.9%	8.4%
3位	ダイバーシティ	44.0%	2.4%
4位	人権と地域社会	34.7%	0.3%
5位	健康と安全	32.6%	-0.7%
6位	製品サービスの安全	30.8%	-1.2%
7位	リスク・マネジメント	29.8%	2.3%
8位	情報開示	23.3%	2.1%
9位	サプライ・チェーン	20.2%	3.3%
10位	取締役会構成・評価	16.2%	0.8%

（注）GPIFが25のテーマを示し、各企業が最大5つのテーマを選択　出典：GPIF「ESG活動報告2019」

企業が機関投資家に示す長期ビジョンで想定されている年数

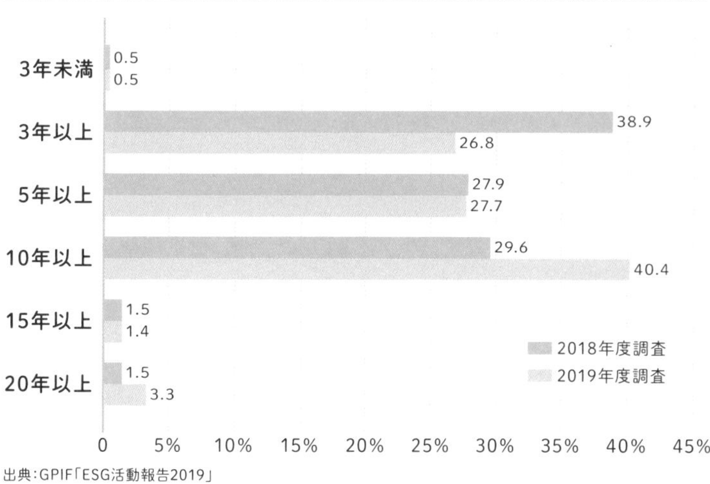

出典：GPIF「ESG活動報告2019」

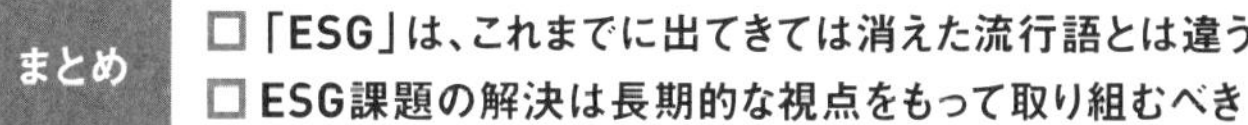

新型コロナはESGを加速させるきっかけになった

新型コロナからの復興の起爆剤「グリーン・リカバリー」

新型コロナのパンデミックは、これまでに世界共通の問題と認識されながら、なかなか進展しなかった環境問題への取り組みを加速させることになりました。脱炭素、サーキュラー・エコノミー（CE、P.26）などの持続可能な方法で、コロナ禍からの経済復興を目指す「**グリーン・リカバリー**」の機運が高まっているのです。

2020年5月、ネスレやユニリーバ、IKEAといったグローバル企業155社のCEOが、2050年よりも早く温室効果ガス排出量を実質ゼロにする対策を踏まえた復興策を求める共同声明を発表。「グレーな経済からグリーンな経済へ」と呼びかけ、大きな話題になりました。

英独立研究機関ビビッド・エコノミクスによると、主要国の経済刺激策に投じられる資金の総額11.4兆ドル（約1,254兆円）のうち3.5兆ドル（約385兆円）が、環境（グリーン）を重視した経済刺激策だといいます。各国は、コロナ禍からの経済復興を「持続可能な社会」実現の好機にして、コロナ禍で大きく落ち込んだ世界経済の回復の起爆剤にすべく、競うように野心的な目標設定をしはじめました。

また、ESGの「S（社会）」要因でも、新型コロナでテレワークを余儀なくされたのをきっかけに、女性活躍の場を広げようとする動きが出はじめるなど、これまで進まなかった取り組みを加速させる試みも増えています。

新型コロナのピンチをチャンスに変える――そんな発想の転換をしてESG課題に対する行動を起こさなければ、近い将来、時代から取り残されるリスクが増大するはずです。

世界の主要国の「グリーン・リカバリー」の取り組み

《日本》

2020年10月、菅首相が温室効果ガス排出量について、従来の「2050年までに80%削減、今世紀後半に実質ゼロを実現する」という方針から「2050年までの温室効果ガス排出の実質ゼロ」へ転換することを宣言。

《EU》

新型コロナからの復興長期予算1.8兆ユーロ(約240兆円)の20%を気候変動対策などのグリーン・リカバリーに充当。石炭火力の新規建設を禁止し、風力や太陽光など再生可能エネルギーへ転換を推進。

《フランス》

ルノーやエールフランスKLMなどの大手企業に対し、支援と引き換えに温室効果ガス排出量抑制などを義務化。エールフランスKLMの救済では、運航時に温室効果ガス排出量が少ない機体の導入や、鉄道と競合する国内路線の廃止を条件にした。

《ドイツ》

自動車の購入補助金の増額対象を電気自動車(EV)に限定。洋上風力の拡大目標を30年に500万キロワット分引き上げ、自動車向けの水素ステーションも増やす計画。

《イギリス》

2030年までに1990年比で温室効果ガスを少なくとも68%削減。再生エネルギーや水素投資などに総額120億ポンド(約1.8兆円)を投資、25万人の雇用創出を目指す。洋上風力発電量を2030年までに現在の4倍を目指す。

《アメリカ》

2035年に発電部門、2050年までに経済全体の脱炭素化を目指す。環境対策の目玉として、電気自動車(EV)支援に1,740億ドル(約19兆円)、電力網整備に1,000億ドル(約11兆円)を投じる計画。

《中国》

2030年までに温室効果ガス排出量を2005年に比べ65%以上減、「2060年までの実質ゼロ」を目標に掲げる。電気自動車(EV)、バッテリー、水素エコノミーで世界の覇権を狙う。

まとめ

□ 主要国は「グリーン・リカバリー」につながる野心的な目標を競って設定するようになっている

Column

菅首相「2050年カーボン・ニュートラル」の狙い

2020 年 10 月 26 日、菅義偉首相は就任後初の所信表明演説で成長戦略の柱に「経済と環境の好循環」を掲げ、グリーン社会の実現に注力していく姿勢を表明しました。そのなかで、菅首相は 2050 年までに国内の温室効果ガス排出を実質ゼロにする「カーボン・ニュートラル」の目標を打ち出しました。

従来、日本は 2050 年までに温室効果ガス排出を 80% 減らす目標を掲げていました。その目標ですら「達成は難しい」という意見も少なくないなかで菅首相はさらにハードルを上げたのです。

すでに EU（欧州連合）は「2050 年」、中国が「2060 年」を目標として掲げ、菅首相の発表後、アメリカのバイデン政権も「2050 年」までの実質ゼロエミッションを表明したことで、世界の上位 4 カ国・地域（G4）が削減目標で足並みがそろいました。

菅首相が高い目標を掲げた背景には、ヨーロッパが中心となった世界的な脱炭素の潮流に取り残されるという危機感のほか、新型コロナによって生活様式や産業構造の転換が迫られるなかで、気候変動対策を次世代の成長産業の柱としたかったからです。

2020 年 12 月には、「経済と環境の好循環」につなげるための産業政策として、経済産業省が「2050 年カーボンニュートラルに伴うグリーン成長戦略」を策定。企業がため込んだ現預金 240 兆円を投資に向かわせるように促そうとしています。

あえて並大抵の努力では実現できないカーボン・ニュートラルの目標を掲げることで、できない理由を探すよりも一歩でも前へ速く進むことを促し、企業にイノベーションを起こすことを求めているのです。

THE BEGINNER'S GUIDE TO ENVIRONMENT, SOCIAL, GOVERNANCE

Part 2

これからの時代の
投資のスタンダード

投資の世界で存在感を増す「ESG投資」

アナン元国連事務総長が提唱した「PRI」とは?

環境、社会、ガバナンスの観点が重視されるようになった

「あなたたち（投資家）の判断ひとつで世界が変わる」

2006年4月、当時の国連事務総長であるコフィー・アナン氏は、機関投資家に対してそう呼びかけ、**6原則からなる責任投資原則**（**PRI**：**P**rinciples for **R**esponsible **I**nvestment）を発表しました。

PRIの第1原則が「私たちは、投資分析と意思決定のプロセスにESGの課題を組み込みます」であるように、PRIは機関投資家（生保・損保、銀行、年金基金など、資産保有者から資産運用を受託している機関のこと）に、ESGの視点をもって投資対象を選定することを強く求めました。簡単にいえば、短期的な利益優先で乱開発する企業や途上国の労働者から搾取する企業ではなく、ESGの観点を踏まえた長期的な利益創出を狙う企業への投資を促したのです。

PRIの狙いは、投資家の力を利用して、企業が持続可能な方向へ行動するように促し、持続的な経済成長を実現することです。

2021年6月末時点で、PRIに署名した機関は全世界で4,000を超え、日本でも年金積立金管理運用独立行政法人（GPIF）をはじめ、銀行、保険会社、資産運用会社など、87社が署名しています（2021年1月2日現在）。また、右ページのグラフを見るとわかるように、ここ数年でPRIに署名する機関は急増しています。

PRIに法的拘束力はありません。それでも機関投資家は持続可能な社会を追求する企業への投資に舵を切りはじめました。機関投資家の行動が変わったことで、投資される側の企業も積極的にESG課題へ取り組むよう、経営改革を促すことにつながっています。

PRI（責任投資原則）の6つの原則

1. 私たちは、投資分析と意思決定のプロセスにESGの課題を組み込みます。
2. 私たちは、活動的な（株式などの）所有者になり、保有方針と保有習慣にESG問題を組み入れます。
3. 私たちは、投資対象の企業に対してESGの課題についての適切な開示を求めます。
4. 私たちは、資産運用業界において本原則が受け入れられ、実行に移されるように働きかけを行います。
5. 私たちは、本原則を実行する際の効果を高めるために、協働します。
6. 私たちは、本原則の実行に関する活動状況や進捗状況に関して報告します。

PRIに署名した機関数の推移（2020年3月末）

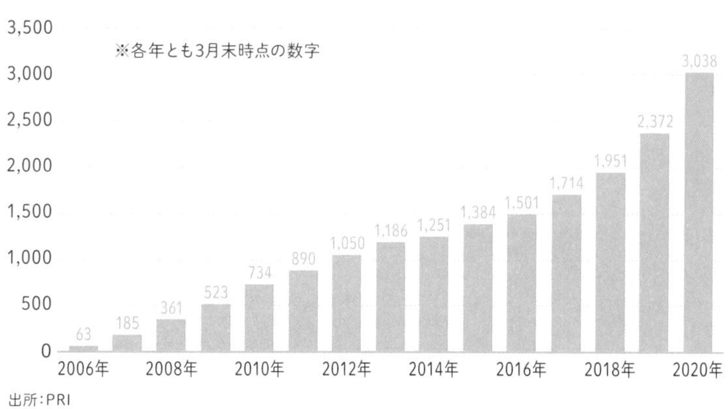

出所：PRI

まとめ

- □ PRIは機関投資家の行動を変えるきっかけになった
- □ PRIの署名機関には6つの原則の遵守義務がある

投資のスタンダードになりつつある「ESG投資」とは？

「非財務情報」に着目するのがESG投資

2020年1月、米資産運用最大手ブラックロックのCEOラリー・フィンク氏が「気候変動リスクを投資リスクとして認識し、ESG投資を抜本的に強化する」と宣言して話題になりました。

ESG投資とは、環境・社会・ガバナンスに取り組む企業を重視・選別する投資のことです。PRI（P.34）をきっかけに広がりはじめたESG投資は、いまや世界的に大きな影響力をもつ機関投資家が力を入れるように、投資のスタンダードになりつつあります。

従来、投資家は投資対象を選定する際に、経営の結果が記載された財務諸表（貸借対照表、損益計算書、キャッシュ・フロー計算書）の売上高や営業利益などの「財務情報」を重視してきました。

しかし、ESG投資は財務情報に加え、温室効果ガス排出量や顧客満足度、女性管理職比率といった「非財務情報（P.86、ESG情報）」を重視します。ESG評価の高い企業は、時間の経過とともに投資家や消費者、パートナー企業などのステークホルダーから支持を得て、長期的に売上や利益などが増えると考えるからです。つまり、**非財務情報は「持続的な企業の成長力の源泉」と考える**わけです。

ESG投資は、機関投資家が企業に対して短期的利益を求め過ぎた結果、それに応えようと企業が児童労働によるコストダウン、廃棄物の不適切な取り扱い、不正会計や賄賂などに手を染めてしまった反省の産物といえるかもしれません。機関投資家のマネーの力で、企業の目線を「短期利益追求」から、時間がかかる「ESG課題の解決」へ変え、「長期的利益」を目指すのがESG投資です。

ESG投資とは?

財務情報
- 営業利益
- 売上高成長率
- PER(株価収益率) など

従来より投資で重視されていた!

非財務情報(ESG情報)
- E(温室効果ガス排出量など)
- S(女性管理職比率など)
- G(社外取締役の人数など)

ESG投資は、「財務情報」だけでなく、「非財務情報」に着目する投資

非財務情報(ESG情報)と投資時間軸との関係

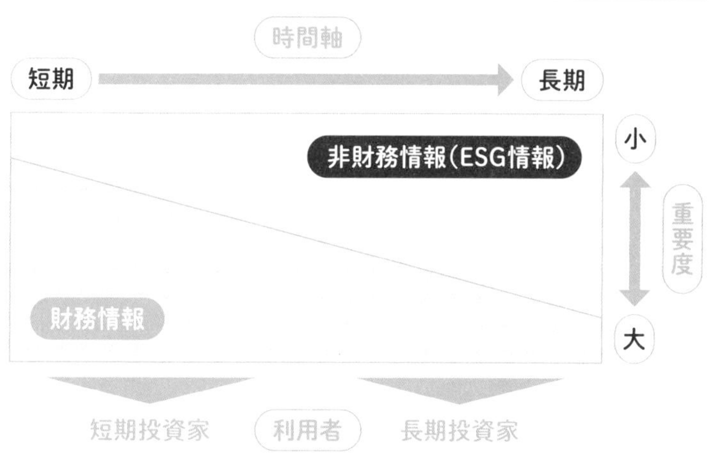

出典:環境省主催ESG検討会(2017)「ESG投資に関する基礎的な考え方」

まとめ
- □「非財務情報」に着目した投資手法が「ESG投資」
- □ ESG投資は、短期的利益でなく長期的利益を目指す

ESG投資とSRI（社会的責任投資）の違い

ESG投資もSRIも非財務情報を考慮する点は同じ

ESG投資によく似た概念に「**社会的責任投資（SRI、Socially Responsible Investment）**」があります。SRIは、一般的に投資対象となる企業のCSR（P.24）に着目し、経済的利益だけでなく、社会・環境にもたらすメリットに考慮しながら投資の力によって、よりよい世界に貢献する戦略的投資を指します。

この考え方は決して新しいものではありません。1920年代の米国のキリスト教教会が資産運用を行う際に、教義に反する武器、ギャンブル、たばこ、アルコールなどに関わる企業へは投資しないというネガティブ・スクリーニング（P.48）をしたのが起源とされています。この起源からもわかるように、**SRIは倫理的な価値観を重視するの**が特徴といえます。

一方の**ESG投資は「環境・社会・ガバナンス」を考慮することが長期的な企業価値の向上につながる——結果としてリターンの増大がもたらされると考えて投資する手法**です。

SRIもESG投資も非財務情報を考慮する点では同じですが、SRIは「社会、環境に配慮するとコストが高くなり、経済的なリターンが犠牲となる」と考えるなかでも、「世の中のために」と強い使命感をもつ倫理的意識が高い人のみが行う印象がありました。一方、ESG投資は、投資の本質的な目的であるリターンを求めます。

さまざまな研究や客観的なデータでも**ESG投資は一般的な投資よりも投資リターンが大きくなることが証明されつつあり、投資家から重要視される**ようになっています。

ESG投資とSRIの違い

ESG投資		SRI(社会的責任投資)
2006年のPRI策定	起源	1920年代
サステナビリティを考慮した投資リターンの追求	投資の目的	投資家の倫理基準の反映
投資リターン	最も重視されるもの	倫理的価値観
7つの手法(P.48参照)による投資	投資手法	酒、たばこ、武器、ギャンブルなどに関連する銘柄を排除した投資
中・長期	投資スタンス	中・長期

投資である以上、リターンがなければ、持続可能ではなくなるという視点は大事！

まとめ

- ☐ ESG投資は長期的な目線でリターンを追求する
- ☐ SRIはリターンより倫理的価値観が優先されるイメージ

世界の投資残高は30兆ドル超！急増するESG投資額

欧米を中心に世界的に大きく伸びている「ESG投資」

世界のESG投資額に関する統計を集計する国際団体GSIA（Global Sustainable Investment Alliance：世界持続可能投資連合）の報告書「2018 Global Sustainable Investment Review（GSIR）」によると、2018年の世界のESG投資残高は、2016年の22兆8,900億ドル（約2,518兆円）から34.0%増加して、30兆6,830億ドル（約3,375兆円）となっています。

2016年初時点の世界全体の投資総額に占めるESG投資の割合は約4分の1でした。ところが、2018年の年初時点では35.4%と3分の1以上にまで増加しており、その後の増加傾向はさらに勢いを増していると見られています。こうした傾向から見えてくるのは、**ESGに配慮しない企業は、年を追うごとに機関投資家から投資対象として選定されなくなっている**ということです。

欧州、米国に比べて出遅れていた日本ですが、P.46で説明するように、2018年以降、ESG投資残高は急激に伸びており、2020年には運用総額に占めるESG投資の割合は全体の半分を上回るまでになっています。この背景には2017年に、私たち日本人の年金を運用する世界最大級の機関投資家である年金積立金管理運用独立行政法人（GPIF）がESG投資を開始したことが大きく影響しています。

また、機関投資家の代表格である生命保険の最大手・日本生命が2021年から全運用資産でESGの観点を考慮した運用に乗り出すことを表明するなど、日本でもESG投資を積極化する動きがますます活発になっています。

世界のESG投資残高の推移

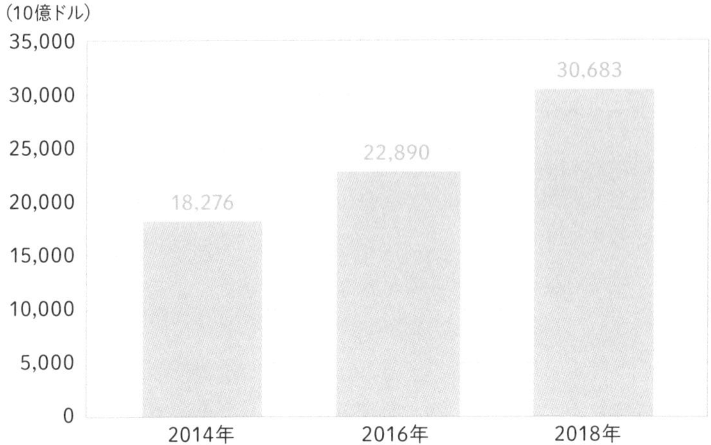

出所：GSIA「Global Sustainable Investment Review 2018」

ESG投資残高の国・地域別内訳（2018年）

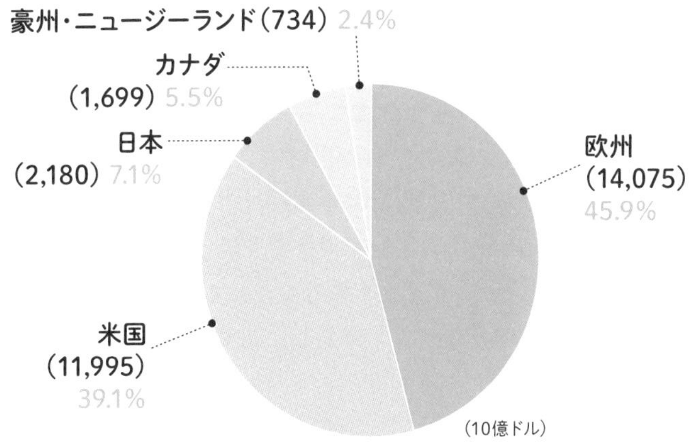

出所：GSIA「Global Sustainable Investment Review 2018」

まとめ

- ☐ ESG投資は欧米諸国を中心に急増している
- ☐ 日本ではGPIFによるESG投資の開始が大きく流れを変えた

国内の流れを大きく変えたGPIFのESG投資に対する考え方

GPIFは「ESG」を重視することを国民と約束した

日本の公的年金を運用しているGPIFは、2020年12月末時点で約179兆円を運用する世界最大級の機関投資家です。

GPIFのように投資額が大きく、資本市場全体に幅広く分散して運用する投資家は**「ユニバーサル・オーナー」**と呼ばれます。その**ユニバーサル・オーナーが、長期的に安定した収益を得るには、投資先の企業価値が長期的に高まること、ひいては資本市場全体が持続的・安定的に成長することが重要**です。

ESG課題の解決が強く意識されるようになり、資本市場が環境問題や社会問題の影響を避けられなくなっている以上、機関投資家にとってもESG課題の解決は他人事ではありません。温室効果ガスの排出量削減に消極的な企業や、児童労働に関与する企業が増えてしまうと、GPIFのような巨額な資金を運用する機関投資家は、幅広い分散運用ができなくなり、お金の出し手（GPIFの場合は、年金保険料を支払い、年金として受け取る国民）の「リターン追求」という受託者責任（年金制度の運営や年金資産の運用管理に携わる人が果たすべき責任のこと）に応えられなくなってしまうからです。

GPIFは、2015年9月にPRIに署名し、2017年10月に国民との約束である「投資原則（右ページ参照）」を改定して、株式・債券など全資産でESGを考慮した投資を推進する姿勢を強く打ち出しました。すると、日本でも機関投資家がGPIFに追随してESG投資に積極的になり、**いまでは「持続可能な社会の実現」と「リターン追求」を両立させるESG投資が主流になりつつある**のです。

GPIFの運用資産額・資産構成割合(2020年12月末時点)

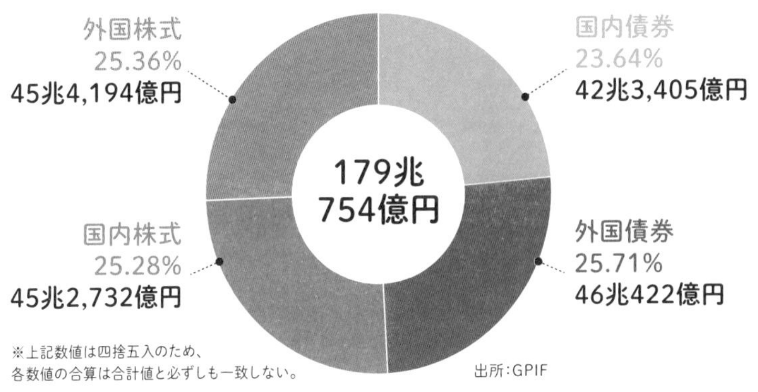

※上記数値は四捨五入のため、
各数値の合算は合計値と必ずしも一致しない。

出所:GPIF

GPIFの「投資原則」

① 年金事業の運営の安定に資するよう、専ら被保険者の利益のため、長期的な観点から、年金財政上必要な利回りを最低限のリスクで確保することを目標とする。

② 資産、地域、時間等を分散して投資することを基本とし、短期的には市場価格の変動等はあるものの、長い投資期間を活かして、より安定的に、より効率的に収益を獲得し、併せて、年金給付に必要な流動性を確保する。

③ 基本ポートフォリオを策定し、資産全体、各資産クラス、各運用受託機関等のそれぞれの段階でリスク管理を行うとともに、パッシブ運用とアクティブ運用を併用し、ベンチマーク収益率(市場平均収益率)を確保しつつ、収益を生み出す投資機会の発掘に努める。

④ 投資先及び市場全体の持続的成長が、運用資産の長期的な投資収益の拡大に必要であるとの考え方を踏まえ、被保険者の利益のために長期的な収益を確保する観点から、財務的な要素に加えて、非財務的要素であるESG(環境・社会・ガバナンス)を考慮した投資を推進する。

⑤ 長期的な投資収益の拡大を図る観点から、投資先及び市場全体の長期志向と持続的成長を促す、スチュワードシップ(編註:他人から預かった資産を、責任をもって管理運用すること)責任を果たすような様々な活動(ESGを考慮した取組を含む)を進める。

まとめ

- ☐ GPIFは全資産でESGを考慮する姿勢を打ち出した
- ☐ 影響力が大きいGPIFに追随する機関投資家が増えている

GPIFは一部の資産で7つのESG指数に連動する運用をしている

日本のESG 投資の先駆けとなったGPIF

GPIFは2017年10月に行った投資原則（P.42）の改定を契機に、すべての資産でESGの要素を考慮した投資を進めています。さらに2020年2月に「積立金基本指針」を改正し、長期的な収益を確保する観点から、「非財務的要素であるESGを考慮した投資を推進することについて、個別に検討したうえで、必要な取り組みを行うこと」と、さらにESG投資に注力する姿勢を打ち出しました。

それを受けて新しくはじめたのが、**GPIFが選定する「ESG指数」に連動した運用**です。2017年7月に3つのESG指数を選定・公表して、約1兆円規模でESG投資を開始したのち、段階的に規模を拡大。2018年9月に2つのESG指数を追加、2020年12月にはさらに2つを追加して、**2021年5月現在、計7つのESG指数を選定**しました（右ページ表参照）。なお、2020年3月末時点でのESG指数に基づく運用額は5.7兆円になっています。

ESG指数とは、ESG評価が優れる企業で構成される株価指数のことです。ESGのうち「E（環境）」の部分に着目したり、「S（社会）」のなかでも女性の活躍に着目するなど、ESG指数によってそれぞれの特徴があり、企業を評価する方法は異なります。

上場企業にとって、GPIFが投資対象とするESG指数の構成銘柄に採用されれば注目度が高まり、株価の上昇要因になるため、ESG指数に採用されようと、ESGの取り組みに積極的になります。GPIFがESG投資に注力したことは、上場企業がESG課題に対してより積極的になるインセンティブになっています。

GPIFが選定した7つのESG指数

総合型指数		テーマ型指数
	E（環境）	国内株 S&P/JPX カーボン・エフィシェント指数 《運用額》9,802億円
国内株 FTSE Blossom Japan Index 《運用額》9, 314億円	E（環境）	外国株 S&Pグローバル大中型株カーボン・エフィシェント指数（除く日本） 《運用額》1兆7,106億円
国内株 MSCIジャパンESGセレクト・リーダーズ指数 《運用額》1兆3,016億円	S（社会）	国内株 MSCI日本株女性活躍指数（愛称「WIN」） 《運用額》7,978億円
外国株 MSCI ACWI ESGユニバーサル指数 ●2020年12月に新規設定	G（ガバナンス）	外国株 Morningstar ジェンダー・ダイバーシティ指数（愛称「GenDi」） ●2020年12月に新規設定

※運用額は2020年3月末時点　出所：GPIF

まとめ

- □ GPIFは7つのESG指数を選定したESG投資も行っている
- □ 2020年3月末時点でESG指数に基づく運用額は5.7兆円

「ESG投資額」の国内市場規模は310兆円にまで増えている

機関投資家の投資残高の半分以上は「ESG」を勘案

日本サステナブル投資フォーラム（JSIF）は、「投資分析や投資ポートフォリオの決定プロセスにESGなどの課題を勘案し、投資対象の持続性を考慮する投資」と定義する「サステナブル投資残高」を発表しています。

JSIFが国内の機関投資家などを調査して判明した国内のサステナブル投資残高は、2014年には8,400億円程度でしたが、**2020年は310兆円**と6年で369倍に増加しています。右ページのグラフを見ると、2020年の投資残高が2019年の336兆円から約26兆円減少しています。これは新型コロナの感染拡大の影響を受け、ちょうど集計時期だった2020年3月末時点で世界の主要株式市場が大幅に下落していた影響です。その後、2020年4月から世界の主要株式市場は上昇に転じ、アメリカのダウ平均株価が同年11月には史上初の3万ドルを突破、日経平均株価も2021年2月に30年半ぶりに3万円の大台を回復しているため、2020年のサステナブル投資残高は、その点を割り引いて考える必要があります。

投資残高全体に占めるサステナブル投資の割合は、2015年に11.4%でしたが、2020年には51.6%まで高まっています。日本でも日本生命が2021年から全運用資産でESGの観点をもって運用することを表明するなど、急速にESG投資へ舵を切っています。機関投資家によるESG投資は、もはや本流になっています。このことからも、ESGの課題の解決に取り組んでいない企業は、機関投資家から投資対象として選ばれなくなっていることが見えてきます。

サステナブル投資残高合計

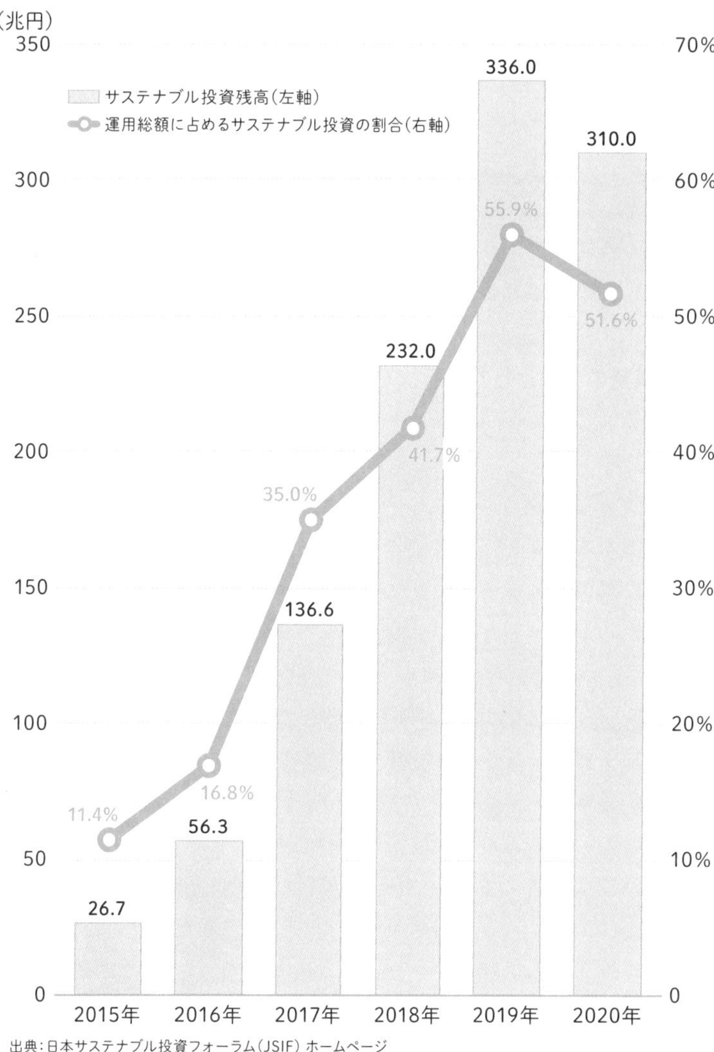

出典:日本サステナブル投資フォーラム(JSIF) ホームページ

まとめ

- □ いまや、日本でも「ESG投資」が全投資残高の半分以上に
- □ 2020年に投資残高が減少したのは新型コロナの影響

ESG投資を行う機関投資家の7つのESG投資手法

ESG 投資には、さまざまなアプローチがある

将来の事業リスクや競争力などを図るうえで積極的に非財務情報を活用し、市場平均よりも大きなリターンを目指すESG投資にはいくつかの手法がありますが、**GSIA（P.40）は以下の７つをESG投資の手法として定義しています。**

①**ネガティブ・スクリーニング**……武器、ギャンブル、たばこ、化石燃料、原子力などに関する企業を投資先から除外する手法。

②**ポジティブ・スクリーニング**……ESGに積極的な企業は中長期的に成長すると考え、ESG評価が高い企業に集中投資する手法。

③**規範に基づくスクリーニング**……人権や環境の分野の国際的な規範への対応が不十分な企業を投資先リストから除外する手法。

④ **ESGインテグレーション**……財務情報だけでなく非財務情報（ESG情報）も含めて投資対象を分析し、幅広く分散投資する手法。

⑤**サステナビリティテーマ投資**……持続可能性と関連のあるテーマや資産へ投資する手法。たとえば、グリーンエネルギー、グリーンテクノロジー、持続可能な農業への投資など。

⑥**インパクト投資／コミュニティ投資**……投資によって生まれる環境や社会へのインパクト（結果がもたらす本質的な変化）を重視する投資手法。社会的弱者や社会から排除されたコミュニティに対するものは「コミュニティ投資」と呼ばれる。

⑦**エンゲージメント・議決権行使**……株主として積極的に企業へ働きかける投資手法。株主総会での議決権行使、情報開示要求などの対話を通じてESGに基づく経営改革を投資先企業に迫る。

ESG投資の7つの投資手法別資産残高

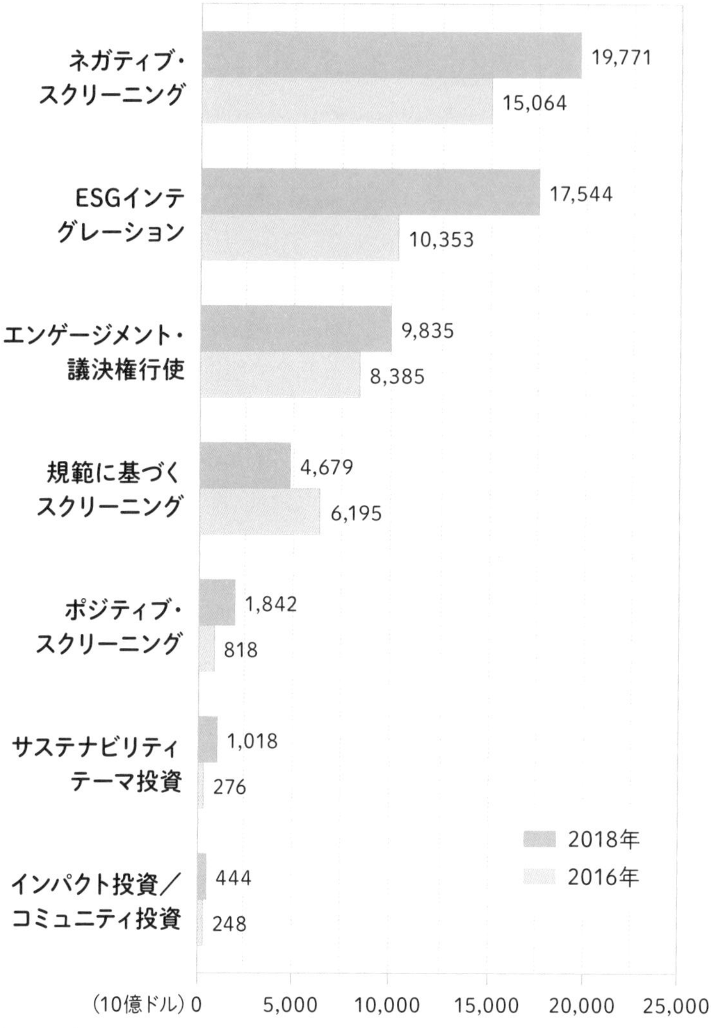

ネガティブ・
スクリーニング
19,771
15,064
ESGインテ
グレーション
17,544
10,353
エンゲージメント・
議決権行使
9,835
8,385
規範に基づく
スクリーニング
4,679
6,195
ポジティブ・
スクリーニング
1,842
818
サステナビリティ
テーマ投資
1,018
276
インパクト投資／
コミュニティ投資
444
248
2018年
2016年
(10億ドル) 0
5,000
10,000
15,000
20,000
25,000

出所：GSIA「Global Sustainable Investment Review 2018」をもとに作成

まとめ

- □ **ESG投資にはおもに7つの投資手法がある**
- □ **ネガティブ・スクリーニングとESGインテグレーションが主流**

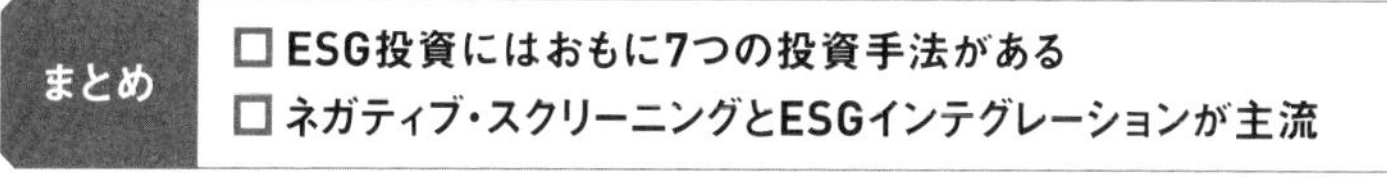

ESG投資をめぐる欧米の機関投資家の動きを知る

欧州と米国の機関投資家の向き合い方は違う

世界的に見て、ESG投資で存在感があるのは欧州の機関投資家です。とくに気候変動緩和などに対する姿勢は、ほかの国・地域の機関投資家とは比べものにならないぐらい積極的といえます。

では、なぜ欧州の機関投資家はそこまで積極的なのでしょうか。それにはいくつかの理由があります。①欧州では企業・政府が環境規制の標準化に積極的、②一般市民のESG投資に対する注目度が高い、③欧州では環境NPO・NGOの発言力・影響力が強い、といった点が影響しているといわれています。

欧州の機関投資家は、積極的に企業経営に介入する姿勢が強いとされ、石炭火力からのダイベストメント（P.52）に代表されるように、環境・社会に悪影響を及ぼしそうな投資先を除外する「ネガティブ・スクリーニング」が主流です。

一方、**米国の機関投資家は、経済的リターン追求の傾向が強い**とされます。つまり、「ESGが儲かりそうだから」という理由で投資を行うため、見方を変えれば、「儲からない」と判断されれば、ESG投資が下火になる可能性もあるということです。

日本の機関投資家は、欧米に比べてESG投資の経験・歴史が浅いこともあり、欧米の機関投資家ほどESG投資に対するスタンスがはっきりしない傾向があります。社会的リターンを考慮した投資に積極的な姿勢を示す機関投資家もあれば、レピュテーション（評判）改善効果を主目的にするところもあり、それぞれの機関投資家によって、そのスタンスはまちまちといえます。

日欧米の機関投資家のESG投資に対する考え方の違い

企業経営に介入する傾向が強い

→政府や社会からESG要素への
対応を強く求められる

経済的リターンを求める傾向が強い

→伝統的に利益の最大化を優先し、
投資リターンを犠牲にしないスタンス

**欧米のようにはっきりしない。
機関投資家によってまちまち**

→近年はESGインテグレーションが主流で、
どちらかというと米国寄りの傾向が強い

ESG投資の手法と地域別内訳（2018年）

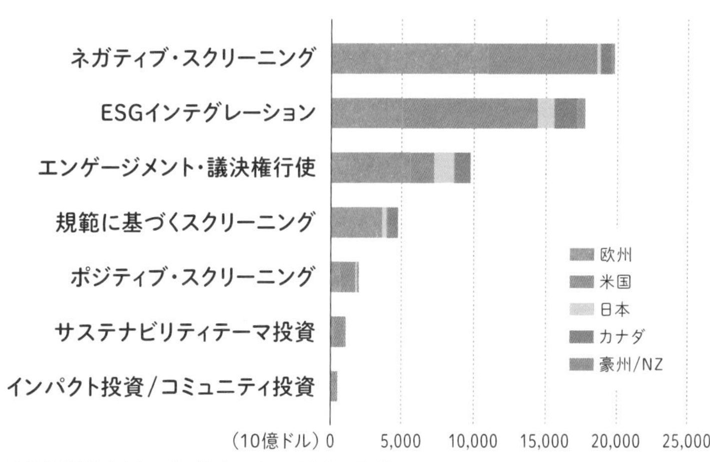

出所：GSIA「Global Sustainable Investment Review 2018」

まとめ

- ☐ 欧州は社会的、米国は経済的なリターンを求める傾向が強い
- ☐ 日本はどちらかというと米国的なスタンスが強い

ダイベストメント（投資撤退）——投資対象から外される企業とは？

機関投資家による「投資撤退」の動きが活発化している

P.38でも触れたように、1920年代に米国のキリスト教教会が資産運用をする際に、宗教的な観点から、たばこ、アルコール、ギャンブルなどに関連する企業を投資対象から外し、資金を引き上げる「**ダイベストメント（投資撤退）**」を行いました。これが、「ダイベストメント」の先駆けといわれています。

1980年代に南アフリカの人種隔離政策（アパルトヘイト）への反対運動が広がると、各国の大学基金や公的年金などが南アに進出している企業の株式を売却しました。1990年代にはオゾン層破壊などの環境問題が注目されるとCSR（企業の社会的責任）を求める気運が高まり、利益至上主義の強欲な企業への見る目が厳しくなっていきました。その後、2010年8月にクラスター爆弾の生産などを禁止するオスロ条約が発効すると、ノルウェー政府年金基金（GPFG）や欧米の機関投資家などが人道的な観点からクラスター爆弾関連企業から投資を引き上げるなど、この動きは広がっていきました。

近年は気候変動リスクの高まりから化石燃料に関連する企業に対するダイベストメントが拡大しています。再生可能エネルギーの比率を高めるなどの事業構造の転換を求める機関投資家が増えているのです。2021年5月時点で、1,300以上の機関投資家が化石燃料からの投資撤退を表明済みで、その運用資産合計は14.56兆ドル（約1,600兆円）を超えています。

なお、GPIFは企業との対話（エンゲージメント）による改善を重視するため、ダイベストメントをしない方針をとっています。

化石燃料ダイベストメントの概要

化石燃料ダイベストメントにコミットメントを表明した機関投資家の数
1,319

コミットメントを表明した機関投資家の資産総額
14兆5,600億ドル
(約1,600兆円)

機関投資家の内訳

区分	割合
宗教組織	34%
教育機関	15%
慈善財団	15%
政府	12%
年金基金	12%
企業	5%
NGO	4%
医療機関	1%
文化施設	0%
その他	0%

出所：Fossil Free

ノルウェーの年金基金KLPによる日本企業のダイベストメント

企業名	理由	時期
日本たばこ産業(JT)	タバコ	1999年1月
東京電力	環境	2013年12月
北陸電力	石炭	2014年12月
電源開発(J-POWER)	石炭	2015年6月
四国電力	石炭	2015年12月
北海道電力	石炭	2016年6月
沖縄電力	石炭	2016年6月
中国電力	石炭	2017年1月
アサヒグループホールディングス	アルコール	2019年6月
キリンホールディングス	アルコール	2019年6月

企業名	理由	時期
サッポロホールディングス	アルコール	2019年6月
宝ホールディングス	アルコール	2019年6月
東北電力	石炭	2019年6月
中部電力	石炭	2019年6月
関西電力	石炭	2019年6月
九州電力	石炭	2019年6月
三井物産	石炭	2019年6月
東京都競馬	ギャンブル	2019年6月
よみうりランド	ギャンブル	2019年6月

出所：KLP ホームページ

まとめ

- □ 化石燃料に関する企業へのダイベストメントが増えている
- □ 日本企業も海外年金基金から投資撤退の対象になっている

2020年に入って急増した個人向けサステナブル投資残高

個人投資家も積極的にESG 投資をするようになった

日本でも「ESG」「サステナブル」「SDGs」という言葉に対する関心が高くなっていることを背景に、**個人向け金融商品の投資信託・債券の残高も2020年に入って急増しています。**長期的な視野をもって利益を追求する個人投資家が増えているのです。

個人投資家のニーズに応えるかたちで商品ラインナップも増えており、バリエーション豊富な投資商品がすでに販売されています。

たとえば、鎌倉投信が運用する「結(ゆ)い 2101」は、会社に関わるすべてのステークホルダーとの調和を図りながら成長する、これからの日本に本当に必要とされる"いい会社"に投資する投資信託です。ホームページでは投資先の"いい会社"になぜ投資しているのか、その理由をわかりやすく公表しているので、投資をする際にESGの観点をどうもてばいいのか、参考になります。

また、大和アセットマネジメントが設定・運用する「女性活躍応援ファンド（愛称：椿）」のように、「女性活躍により成長が期待される企業に投資する」と、テーマ型の投信も人気を集めています。

個人向け債券では、調達した資金を環境プロジェクトのみに使う「グリーンボンド」や格差是正プロジェクトのみに使う「ソーシャルボンド」などの社会貢献型債券（ESG債）への投資が増えています。

これまでは「儲かればなんでもいい」と考えがちだった**個人投資家も、「社会貢献」と「利益」の両方を得ようとする投資商品へ積極的にお金を投じるようになっています。**

個人向け金融商品におけるサステナブル投資残高

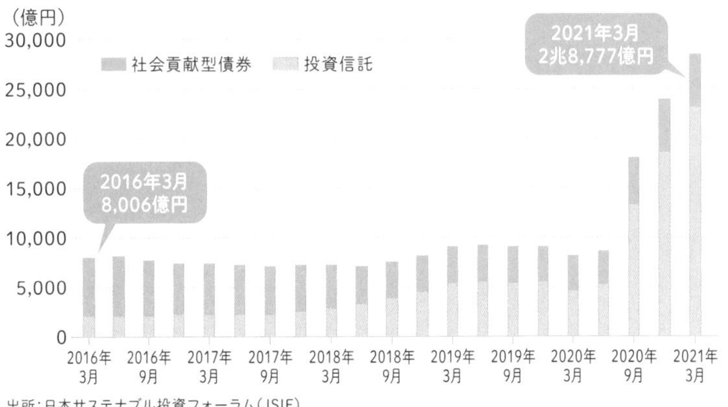

出所：日本サステナブル投資フォーラム（JSIF）

日本で販売されているおもなESGファンド（2021年5月末）

	ファンド名	評価項目	運用会社	純資産高(億円)
国内株式型	結い2101	CSR	鎌倉投信	478.1
国内株式型	女性活躍応援ファンド（愛称：椿）	ウーマノミクス	大和アセットマネジメント	239.9
国内株式型	ニッセイ健康応援ファンド	健康	ニッセイアセットマネジメント	271.3
国内株式型	NZAM 上場投信 S&P/JPXカーボン・エフィシェント指数	環境	農林中金全共連アセットマネジメント	285.7
国際株式型	グローバルESGハイクオリティ成長株式ファンド（為替ヘッジなし）	ESG	アセットマネジメントOne	10,684.7
国際株式型	野村ブラックロック循環経済関連株投信 Bコース（為替ヘッジなし）	環境	野村アセットマネジメント	971.6
国際株式型	世界インパクト投資ファンド（愛称：Better World）	インパクト投資	三井住友DSアセットマネジメント	377.5

まとめ

- □ 2020年以降、個人投資家にもESG投資が人気
- □ ESGファンドの銘柄選定の基準を見ると参考になる

気になるESG投資のリターンはどうなのかを見てみよう

ESG投資は3年間の市場平均を上回った

ESG投資では投資リターンを重視する以上、実際のパフォーマンスがどうなのかが気になるところです。ここで参考になるのは、国内のESG投資をリードするGPIFが選定したESG指数の動きです。そこでGPIFの「2019年度ESG活動報告」からパフォーマンスを確認してみましょう。

右ページの表は、GPIFが選定したESG指数（P.44）の2017年4月～2020年3月までの3年間のパフォーマンスを示したものですが、**年率リターンで市場平均**（国内株式：TOPIX、外国株式：MSCI ACWI（除く日本））**を上回る成績を残しています。**

ただし、3年間という短期間の結果である点には注意が必要です。ESG投資は「社会の持続的な成長に貢献する企業群は長期的にはパフォーマンスも優位になるはず」という前提の投資手法で、長期的な検証が必要だからです。2020年7月に日本銀行が発表したレポートでも、依然、「多くの機関投資家はESG要素と金銭的リターンの関係性に確信がもてない」ことが明らかにされています。

とはいえ、今後もESG指数が市場平均を上回り続ければ、「ESG投資はESG課題に貢献できて儲かる」というインセンティブが働き、ESG投資関連の株式や債券の価格上昇の呼び水になるはずです。

年金を受け取る私たちの利益のためだけに職務を遂行する「受託者責任」を負うGPIFは、投資効果があることを大前提としてESG投資で運用しています。その結果は将来受け取る年金にも影響を及ぼしますから、今後の動向にも注目してみましょう。

GPIFが選定したESG指数のパフォーマンス

日本株対象のESG指数

	2017年4月～2020年3月（年率換算後）		
	当該指数	親指数	TOPIX
MSCI ジャパンESGセレクト・リーダーズ指数（親指数：MSCIジャパンIMIのうち時価総額上位700銘柄）	2.24%	0.09%	▲0.14%
MSCI 日本株女性活躍指数（親指数：MSCIジャパンIMIのうち時価総額上位500銘柄）	1.99%	0.17%	▲0.14%
FTSE Blossom Japan Index（親指数：FTSE JAPAN INDEX）	0.15%	0.08%	▲0.14%
S&P/JPX カーボン・エフィシェント指数（親指数：TOPIX）	0.10%	▲0.14%	▲0.14%

外国株対象のESG指数

	2017年4月～2020年3月（年率換算後）		
	当該指数	親指数	TOPIX
S&P グローバル・カーボン・エフィシェント大中型株指数（除く日本）（親指数：S&P 大中型株指数（除く日本））	1.28%	1.13%	0.92%

出典：GPIF「2019年度ESG活動報告」

親指数とGPIFが選定したESG指数との関係

例）MSCIジャパンESGセレクト・リーダーズ指数の場合

親指数
MSCIジャパンIMIトップ700指数
日本の時価総額上位700銘柄

ESG評価に優れた銘柄を抽出 →

GPIFが選定したESG指数
MSCIジャパンESGセレクト・リーダーズ指数
ESGスコアに使われた約230銘柄

まとめ

- □ GPIFのESG指数は市場平均を上回る成績を残した
- □ ESG投資の優位性について確信できない投資家もいる

ESG投資が活発化するとどうなるの?

ESG 投資は世の中をよりよい方向へ動かす力がある

アナン元国連事務総長がPRIを提唱したことをきっかけに、環境、社会、ガバナンスに考慮したESG投資が世界的に広がっていますが、投資はリターンを求めるものである以上、投資した人に利益がもたらされなければいけません。そこで疑問になるのが、機関投資家がESG投資をするメリットがあるのかということです。

ESG投資に流入する資金が増えれば、企業は投資家から投資をしてもらうためにESG評価を向上させる必要性が増します。それにより企業のESG対応が強化されれば、長期的な企業価値の向上につながるため、株価は上がり、結果的に機関投資家はリターンを享受できます。まだ、はっきりと結果が出ているわけではありませんが、P.56でも説明したとおり、ESG評価が高い企業は、そうでない企業に比べ、高いパフォーマンスを示すようになっています。

また、**企業がESGに配慮すれば、環境保護、人権保護につながるわけですから、世の中はよりよい方向に向かいます。その恩恵は一般市民にも広がり、SDGsの達成にも直結することになります。**

また、違った観点で見てみましょう。GPIFはESG投資に取り組んでいますが、パフォーマンスが高ければ、日本人の大きな不安要因である年金財政の健全化に寄与します。日本企業が積極的にESGに取り組むようになれば国際的な評価が高まり、成長性に見劣りすると見られがちな日本株の魅力アップにつながるかもしれません。

このように**ESG投資は、環境、社会、経済に、さまざまな好循環を生む可能性を秘めている**のです。

日本投資の拡大がもたらす好循環

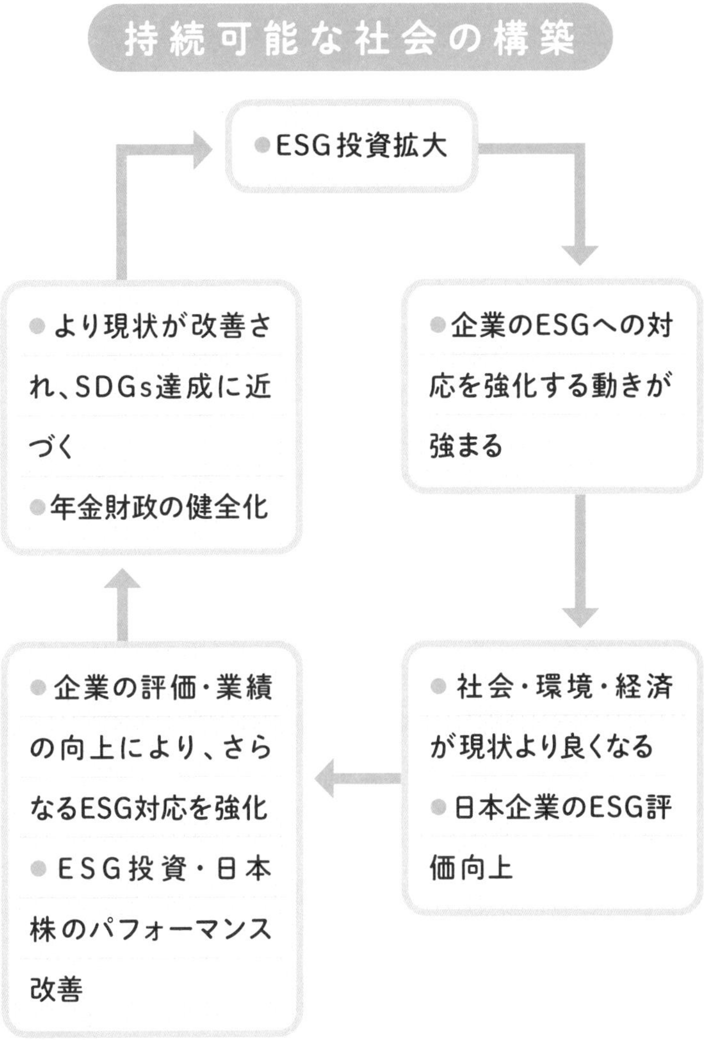

持続可能な社会の構築

- ESG投資拡大

- 企業のESGへの対応を強化する動きが強まる

- 社会・環境・経済が現状より良くなる
- 日本企業のESG評価向上

- 企業の評価・業績の向上により、さらなるESG対応を強化
- ESG投資・日本株のパフォーマンス改善

- より現状が改善され、SDGs達成に近づく
- 年金財政の健全化

まとめ
- ☐ ESG投資はSDGsの達成につながっている
- ☐ ESG投資は、環境、社会、経済に好循環をもたらす可能性大

Column

バイデン政権で変わる米国の環境問題への対応

米国のバイデン大統領は、就任初日から経済優先で気候変動対策に否定的だったトランプ前大統領が離脱を決めた気候変動対策の世界的枠組みである「パリ協定」への復帰を決める大統領令に署名しました。

バイデン大統領は「気候変動危機に対する世界的な対応を米国がリードしなければならない」と考えています。2021年4月に米国主催で開催された気候変動サミットに先立って、オバマ政権が掲げた「2025年までに温室効果ガス排出量を05年比で26～28%削減」という目標をさらに引き上げ、「2030年に同50～52%削減」という野心的ともいえる目標を公表したのは、その強い意志の表れといえるでしょう。

バイデン政権は成長戦略として、インフラ整備や気候変動対策に8年間で2兆ドル（約220兆円）を投じる「米国雇用計画」を発表し、さまざまな環境政策を盛り込みました。

米国製EVを購入する消費者への税制優遇や補助金制度の創設、ディーゼルの運送車両5万台や全米に約50万台あるスクールバスの最低2割をEV(電気自動車)に置き換える目標も掲げたほか、2030年までに充電設備を全米50万カ所に整備する計画です。また、EVを普及させても発電部門で温暖化ガスを多く排出しては国全体の排出削減効果は乏しいままです。そこで天然ガスや石炭といった化石燃料を扱う企業への税制優遇をやめ、電力網の刷新に1,000億ドル（約11兆円）を投じ、2035年までに発電部門で温暖化ガス排出実質ゼロの公約の実現を目指します。これらの計画の実施状況や経済効果など、これからに注目が集まっています。

THE BEGINNER'S GUIDE TO ENVIRONMENT, SOCIAL, GOVERNANCE

Part 3

ESGのデファクトは
欧州が主導している!

目を覚まさないと日本企業は世界に取り残される

日本企業はESGに「配慮」している場合ではない!

環境、社会、ガバナンスの観点が重視されるようになった

日本でも「ESG」という言葉を目にする機会が増えています。その時代の潮流に乗り遅れまいと「ESGに配慮しなければ」と考えている企業も少なくないはずです。

しかし、**グローバルな視点で見れば、ESGに"配慮"している場合ではありません。**私たち日本人は"配慮"という言葉を使いがちです。その言葉の裏には、どんな心情が含まれているでしょうか。辞書には「よい結果になるように、あれこれと心を配ること」とありますが、この言葉を使うときの背後には、「やっておかないとマズいからせめて取り組んでいるポーズだけでもとっておこう」という中途半端な気持ちがないでしょうか。

しかし、ESGは企業にとって「心を配る」だけで済むことではなくなっています。グローバル基準では、企業がESGに対応することは「当たり前のこと」になっています。もっといえば、"配慮"するのではなく、"すぐに実行する"という意識に変えなければ、グローバル基準の「当たり前」から大きく取り残されることになります。少し大げさな言い方をすれば、企業がESGに対応しないことは、コロナ禍でマスクをしないで大声で話しながら外を出歩くような行為といっても過言ではありません。

しかし残念ながら、**中小企業を含む日本企業のほとんどは、ESGが目指すものを本質的に理解することなく、なんとなく配慮すればいいという感覚にとどまっています。**まずは、その現状認識を変えることが大切です。

「配慮」ではなく、「実行」を急ぐ

配慮（はいりょ）

【意味】よい結果になるように気を配ること。気遣い。

【類語】心配り、気配り、心遣い、気遣い

よく見る表現

ESGは環境・社会・ガバナンスに配慮する考え方 ×

配慮（心を配る）だけでは無意味！

正しい考え方

ESGは環境・社会・ガバナンスに対して行動を起こすこと ○

まとめ
- □ ESGは行動をしてこそ意味がある。行動しなければ無意味
- □ もはやESG課題の解決へのアクションを起こすのは当たり前

このままではグローバル市場で日本製品は「アウト」になる

ガソリン車禁止が象徴する日本のESG 対応の遅れ

日本企業がこのままの認識なら先行きは暗いと言わざるを得ません。なぜなら、たとえ国内で消費者から製品が評価されたとしても、それがグローバル市場に流通させられない可能性があるからです。

たとえば、**国内でエコカーといえば、ガソリンと電気の両方を使うもののコンセントからは充電できない「ハイブリッド車（HV)」が主流**です。一方、**欧米では、HV のようにガソリンを併用するものの、コンセントから充電できるようにした「プラグイン・ハイブリッド車（PHV)」や、電気だけで動く「電気自動車（EV)」が主流**になりつつあります。この背景には将来的にガソリン車やディーゼル車のみならず、PHV を販売禁止にし、EV シフトを促す各国の政策があります（右ページ上表参照)。これらの国では、先んじてEV の普及(右ページ下表参照)が加速しています。2020 年に EV メーカー・テスラの株式時価総額がトヨタ自動車を抜いて世界一になったことは、世界的な潮流を象徴的に示した出来事かもしれません。日本企業も外国のルールに従わなければ、早晩、グローバル市場で戦えなくなるということです。一方、2021 年 5 月時点で日本は 2030 年代中頃をメドにガソリン車禁止を最終調整している段階です。

これは自動車産業にかぎりません。電子機器、容器包装、プラスチック、繊維製品、食品などありとあらゆる産業で ESG 対応が求められます。欧米や中国でビジネスをするなら、その**当該国のルールに合わせなければ、そもそも勝負の土俵に上がれない** ——そんな時代になっていることを認識する必要があります。

主要国のガソリン車、ハイブリッド車の新車販売規制の動向

国名	規制開始年	ガソリン車・ディーゼル車	HV・PHV
ノルウェー	2025	販売禁止	販売禁止
スウェーデン	2030	販売禁止	販売禁止
オランダ	2030	販売禁止	販売禁止
イギリス	2030	販売禁止	販売禁止(2035年〜)
中国	2035	販売禁止	規制なし
カナダ(ケベック州など)	2035	販売禁止	HVは販売禁止
アメリカ(カリフォルニア州)	2035	販売禁止	販売禁止
フランス	2040	販売禁止	販売禁止

出所:各種報道

メーカー別電気自動車の販売台数(2020年)

順位	メーカー名	本拠地	販売台数
1位	テスラ	アメリカ	499,535
2位	フォルクスワーゲン	ドイツ	220,220
3位	BYD(比亜迪)	中国	179,211
4位	SGMW(上汽通用五菱汽車)	中国	170,825
5位	BMW	ドイツ	163,521
6位	メルセデス	ドイツ	145,865
7位	ルノー	フランス	124,451
8位	ボルボ	スウェーデン	112,993
9位	アウディ	ドイツ	108,367
10位	SAIC(上海汽車集団)	中国	101,385
14位	日産自動車(日)	日本	62,029
17位	トヨタ自動車(日)	日本	55,624
		世界計	3,124,793

出所:EV sales

まとめ

- □ 日本のルールではなく、その国のルールでビジネスは行われる
- □ 諸外国の動向をつかむ必要性が高まっている

世界標準から大きくズレる日本の「リサイクル」の捉え方

「サーマル・リサイクル」はリサイクルといえるのか？

日本はプラスチックの分別回収の先進国で、分別回収されたプラスチック（以下、プラ）のリサイクル率は85%（2019年）と世界トップクラスです。しかし、日本は、回収されたプラの7割以上を燃やしており、大半は新しいプラ製品に生まれ変わっていません。

では「リサイクル率85%」は嘘なのでしょうか。そのカラクリは、リサイクルの定義にあります。**日本でリサイクルは「マテリアル・リサイクル」「ケミカル・リサイクル」「サーマル・リサイクル」の３つと定義されています。**このうち、ペットボトルごみがペットボトルに再生されるように、モノからモノへと生まれ変わる「マテリアル・リサイクル」、廃プラをひとまず分子に分解してから新たなプラ素材に変える「ケミカル・リサイクル」は、リサイクルのイメージから逸脱しないはずです。しかし、原油が原料のプラを焼却炉で燃やし、その熱を火力発電などに用いてエネルギーとして回収する「サーマル・リサイクル」が日本では7割以上を占めています。

「それがリサイクルなの？」と疑問をもつ人もいるでしょう。そもそも「リサイクル」は、「また使えるようにすること」です。形状や用途の違う製品にすることもリサイクルと見なさないのが世界標準なのに、**燃やして温室効果ガスを出すサーマル・リサイクルは、他国からすれば我田引水な解釈にほかなりません。**大切なのはリサイクル率の数字ではなく、環境問題の解決です。日本にはこうした世界とのズレがさまざまなところに潜んでいる――そういう認識をもちながら、世界の動きを見ていく視点をもつことは重要です。

日本独自のリサイクルの定義

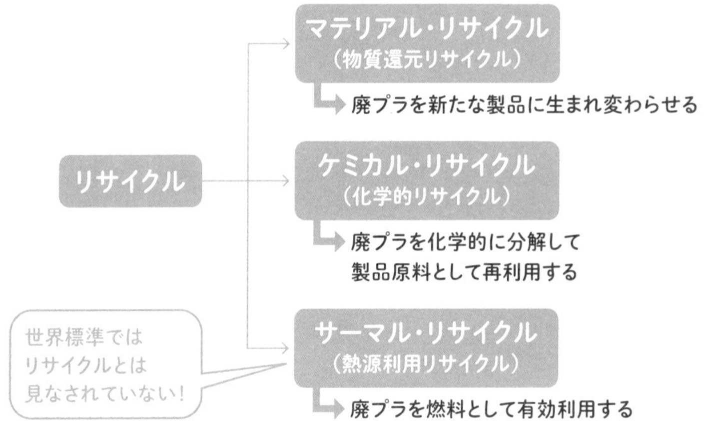

日本の廃プラスチックのリサイクル量とリサイクル率の推移

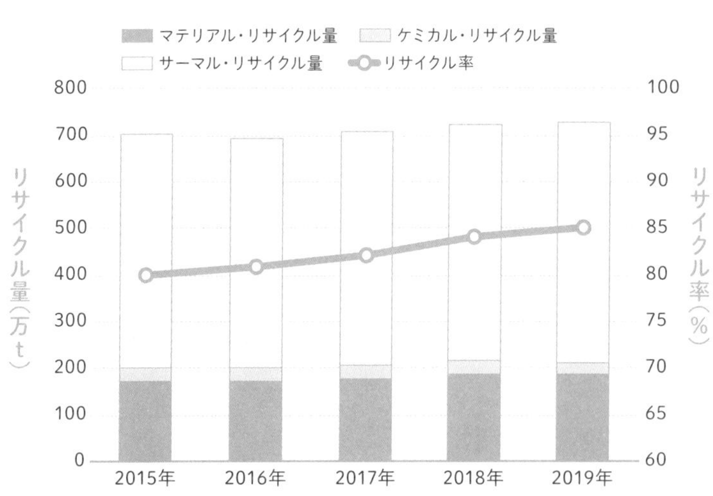

出所：プラスチック循環利用協会「2019年プラスチック製品の生産・廃棄・再資源化・処理処分の状況」

まとめ

- □ 日本独自の基準が世界基準と同じとはかぎらない
- □ 世界基準に合ったビジネスをしなければ世界と戦えなくなる

「ハード･ロー」と「ソフト･ロー」を理解する

高まる法的拘束力がない「ソフト・ロー」の重要性

私たちはさまざまなルールのなかで生きています。その代表格は法律ですが、法律以外のルールもあります。たとえば、「校則」です。たとえ法的に問題がなくても校則違反をすれば、学校から罰則を与えられたりします。このように社会には大きく分けて、**絶対的な拘束力をもつ法律である「ハード・ロー」と、法的拘束力がない社会的規範である「ソフト・ロー」**があります。

たとえば、「ESG」「PRI（責任投資原則、P.34）」には法的拘束力はありません。しかし、社会的規範として広く認知されている「ソフト・ロー」になっています。近年、こうした**ソフト・ローが重視される傾向が強くなっているのです。**

もしESGを「ソフト・ローだから」と軽視し、「法律違反でない範囲内なら環境汚染をしても大丈夫」と考えれば、投資家や消費者から責任を問われ、社会的制裁を受けることは容易に想像がつきます。**ESGは六法全書に載ってはいませんが、ソフト・ローとして実質的な拘束力をもちはじめている**ということです。

コンプライアンスは「法令遵守」と訳されますが、今では法令ではないソフト・ローまで遵守する「広義のコンプライアンス」が求められる世の中になっています。変化のスピードが速くなっていることもあり、ソフト･ローが実効性をもったのち、それがハード･ローになるケースも増えています。いまや「法律化される前からソフト・ローに従う」という姿勢でなければ、変化のスピードが速いビジネスの現場で世界のライバルから乗り遅れてしまうのです。

「ハード・ロー」と「ソフト・ロー」の違いとコンプライアンス

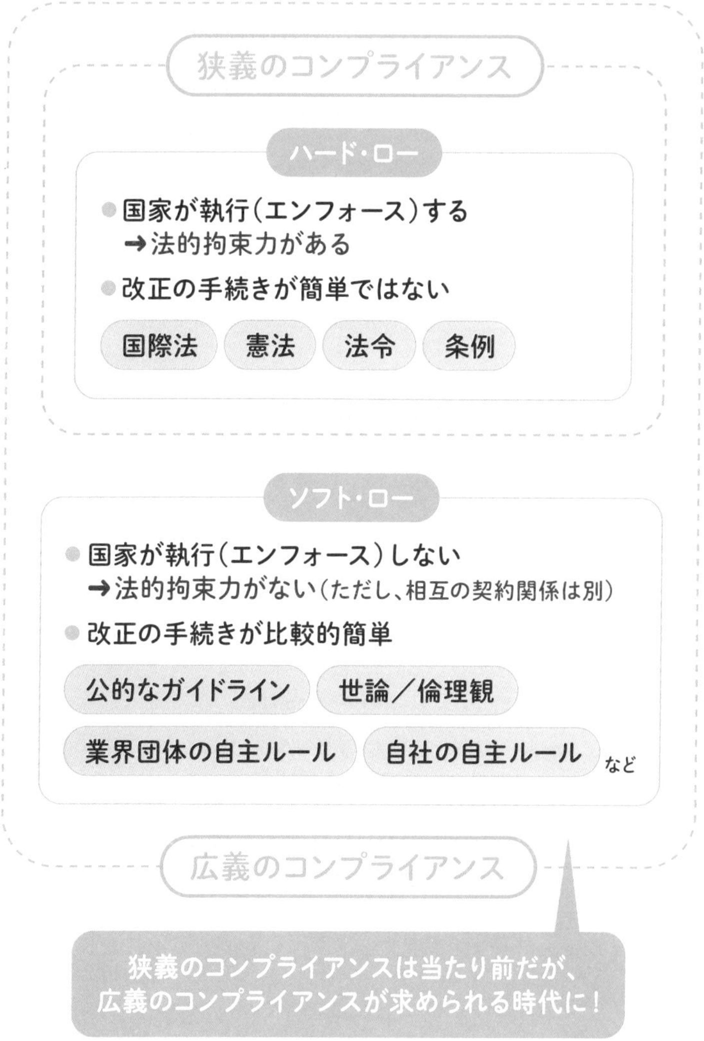

まとめ

- □ ハード・ローは法的拘束力があるが、ソフト・ローにはない
- □ ソフト・ローまで遵守することがコンプライアンスになっている

企業のコスト要因に経済合理性をもたらすのが「ルール」

ルールが「経済合理性」を変化させる

ESG課題が山積した原因のひとつに、企業の「経済合理性」の捉え方があります。企業が環境破壊や人権侵害をしてきた背景には、廃棄物投棄や労働者の長時間労働などが、短期的利益を上げるための「経済合理性」に適うと考える「オールド資本主義（P.20）」的発想がありました。この考え方が時代錯誤なのは明白です。

かつてナイキは児童労働への関与が明るみに出て不買運動が起き、大きな損失を被りました。日本でも従業員の過労自殺が問題になった居酒屋チェーンで顧客離れが起きました。

企業が問題を起こすたびに、世界中で新たなルールがつくられてきました。そのひとつであるESGは「短期的利益の追求」が行き過ぎた反省から生まれた、「社会課題の解決」に「経済合理性」をもたらす「ニュー資本主義（P.20）」への画期的なルール・チェンジでした。**環境、社会、ガバナンスに関する物事の良し悪しを明確にし、「企業がESG課題の解決に貢献すること」＝「利益」になるように経済合理性をもたらしたのです。**

ナイキは過去の過ちから学び、サプライヤーの労働環境や児童労働を含む人権問題の解決に真摯に取り組みました。その結果、いまでは社会的責任を果たす企業として高く評価されています。その変化なくして同社の現在の繁栄はなかったでしょう。長い目で見れば、ESG課題への対応は、のちの利益の源泉になったともいえるのです。

残念ながら日本では依然、**ESG課題への対応をコスト要因と考えがちですが、対応しないほうがよほどコスト要因**なのです。

ルールが変われば、「利益がコスト」「コストが利益」に変わる

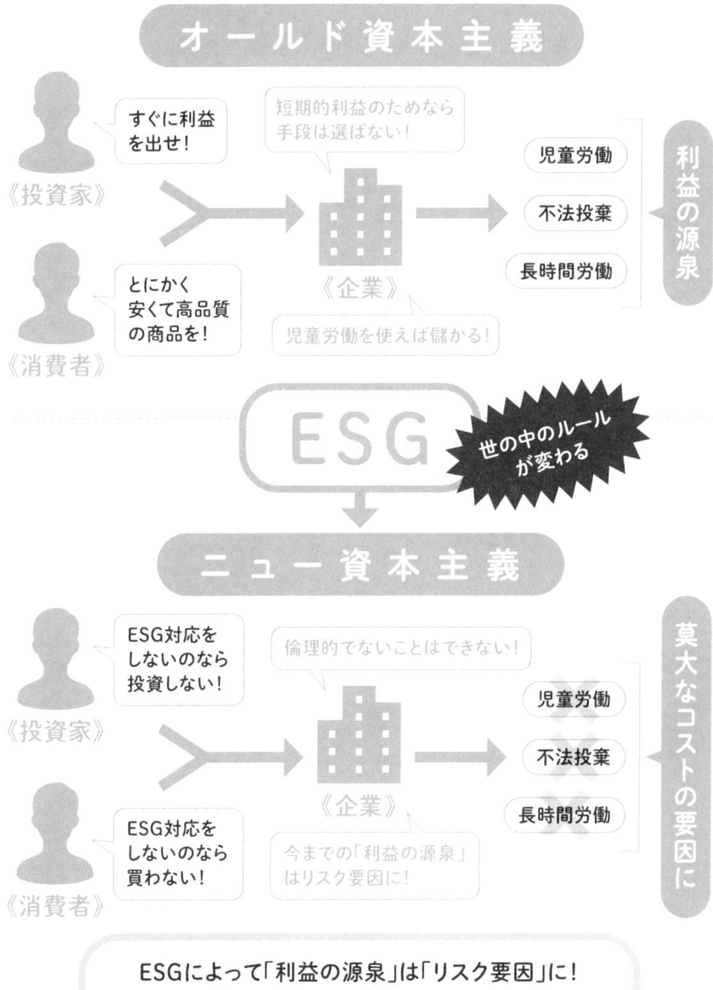

ESGによって「利益の源泉」は「リスク要因」に！
「オールド資本主義的」発想はリスクにしかならない

まとめ
- □ ルール・チェンジはコストに新しい経済合理性をもたらす
- □ ESGはかつての「コスト」を「利益の源泉」に変えた

「ルール」と「イノベーション」の正しい関係とは？

ルールがイノベーションを阻害する過ちを侵した日本

ルールづくりで重要なのは、社会課題の解決が経済合理性に強く結びつくイノベーションを後押しするものであることです。日本はこの点で大きな失敗をした経験があります。

かつて半導体業界で日本企業の存在感は圧倒的でした。しかし、右ページの表を見るとわかるように、2020年では見る影もありません。その一因に日本政府のルールづくりの失敗がありました。

大がかりな設備を必要とする半導体産業は典型的な装置産業で、規模を拡大して稼働率を上げるほどスケール・メリットが大きくなります。ところが2007年に都市圏と地方の格差を是正するため、日本各地に産業集積地を育てることを目的とした「企業立地促進法」を施行し、地方自治体に補助金を出して工場誘致を促しました。その結果、各地に中途半端な規模の半導体工場を散在させることになりました。政府の「地方格差是正」重視は、結果的にスケール・メリットが小さい工場を増やし、国際競争力を失わせ、イノベーションを起こす力を削ぐことなになり、皮肉なことに「地方格差是正」にもさほど寄与できなくなってしまいました。

日本はこの失敗から学ばなければいけません。ルールをうまく設計しなければ、ときにイノベーションを阻害してしまいます。一方、ESGという"ある種のルール"はさまざまなことを規制しながら、その規制を乗り越えようとする力を引き出すことで、温室効果ガス排出量を抑える技術などの**イノベーション創出を喚起し、それが経済効果を生む**ように巧妙に設計されているといえます。

世界の半導体企業のシェア

1989年 メーカー名	シェア	順位	2020年 メーカー名	シェア
日本電気(日)	7.7%	1位	インテル(米)	15.6%
東芝(日)	7.4%	2位	サムスン電子(韓)	12.4%
日立製作所(日)	6.2%	3位	SKハイニックス(韓)	5.5%
モトローラ(米)	5.5%	4位	マイクロン・テクノロジー(米)	4.7%
富士通(日)	4.8%	5位	クアルコム(米)	3.8%
テキサス・インスツルメンツ(米)	4.8%	6位	ブロードコム(米)	3.4%
三菱電機(日)	4.3%	7位	テキサス・インスツルメンツ(米)	2.9%
インテル(米)	4.2%	8位	メディアテック(台)	2.4%
松下電子工業(日)	3.1%	9位	エヌビディア(米)	2.3%
フィリップス(蘭)	2.8%	10位	キオクシア(日)	2.2%

出所:データクエスト、Gartner(2021年4月)

「ルール」と「イノベーション」のいい関係・悪い関係

いいルール ○

- イノベーションを促す
- 経済効果を生む

(例)

- 機関投資家にESG投資を求めたことで、企業にESG経営を促した「PRI」
- 企業に環境保護などを要求する外圧をかけ、イノベーションを誘発する「ESG」

悪いルール ×

- イノベーションを阻害する
- 経済効果を生まない

(例)

- 半導体業界の国際競争力を失わせた「企業立地促進法」
- 風力発電所建設の許可に膨大な手続きを求める複雑な法令・条例と、それに基づく膨大な手続き

まとめ

- □ ルールを乗り越えようとする努力がイノベーションにつながる
- □ ルールはイノベーションを阻害するものであってはいけない

ESGのスタンダードづくりは欧州が主導している

日本のガラパゴス化した基準では世界で戦えない

現状、**ESGに関するルールをつくる多くのイニシアチブを主導するのは欧州**です。欧州でつくられたルールが「**デファクト・スタンダード**（事実上の標準）」や「**デジュール・スタンダード**（ISOやJISなどの規格を定める国際標準化機関などによって認証された標準）」になるのが世界的な潮流になっています。

ルールづくりが重要なのは、そこで主導権を握れば、Windowsでパソコン OSのデファクト・スタンダードを握ったマイクロソフトのように、その後のビジネスをとても有利に展開できるからです。

たとえば、P.66で説明したように、日本でリサイクルとされる「サーマル・リサイクル」はEUではリサイクルと見なされず、世界のデファクト・スタンダードからはズレてしまっています。この現実が示すように、**日本企業はまず「国外にデファクト・スタンダードがある」という認識をもつこと**です。国内でガラパゴス化したルールだけに目を向けていれば、デファクト・スタンダードやデジュール・スタンダードを把握できないまま、"常識知らず"になり、知らずのうちにグローバル市場で大きく後れをとることになりかねません。

国家標準は地域標準に、その地域標準は国際標準に合わせるといったように、より大きい範囲の標準に合わせるのが基本です。欧州では早くから北米やアジア、アフリカの関係者を招き、常に国際標準を視野に入れたルールづくりを行います。それゆえ、日本企業も欧州のルール形成の動きに目を配り、早くからルール形成そのものに参画する準備をしておくことが大切です。

「デファクト・スタンダード」と「デジュール・スタンダード」

デファクト・スタンダード	デジュール・スタンダード
De facto Standard （事実上の標準）	De jure Standard （認証された標準）
《定義》法的拘束力はないが、競争の結果、市場で認知された「事実上の標準」	《定義》公的に組織された標準化機関によって正式に採用された「認証された標準」
《普及プロセス》市場原理	《普及プロセス》公的権力による強制
《具体例》 ・OSの「Windows」 ・温室効果ガス（GHG）排出量の算定・報告基準の「GHGプロトコル」 ・再生可能エネルギーの定義「RE100」 ・人権基準「国連ビジネスと人権に関する指導原則」	《具体例》 ・国際標準化機構が定める「ISO規格」 ・日本産業標準調査会が定める「JIS規格」 ・米国電気電子学会が定める「IEEE規格」 ・国際電気通信連合が定める「ITU規格」

さまざまなレイヤーの標準

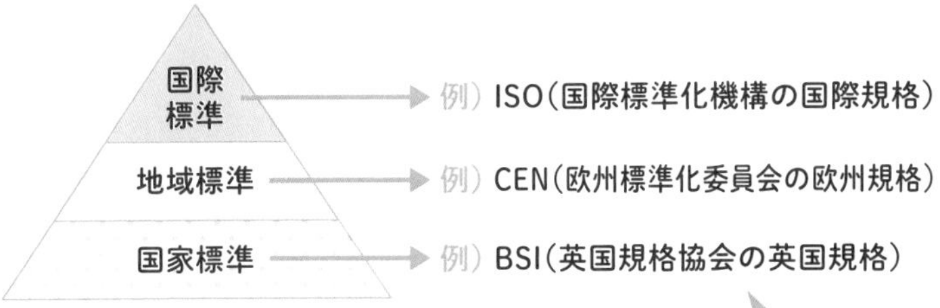

- 国際標準 → 例）ISO（国際標準化機構の国際規格）
- 地域標準 → 例）CEN（欧州標準化委員会の欧州規格）
- 国家標準 → 例）BSI（英国規格協会の英国規格）

低い階層の規格は、高い階層に合わせることが多い

まとめ

- □ スタンダードには「デファクト」と「デジュール」の2種類ある
- □ ESG分野では欧州がスタンダードで主導権を握ることが多い

自らでルールをつくる欧州企業、政府のルール化を待つ日本企業

国ではなく、企業がルールを決める時代になっている

ESGに関するデファクト・スタンダードづくりを先導しているのは「欧州」であると説明しました。それを決めている主体は、政府ではなく、おもに欧州のグローバル企業たちです。企業が率先してルールを策定して、ESGに主体的に取り組んでいるのです。

そのルールがのちのちハード・ロー化して強い拘束力をもつようになるケースも増えています。考えてみれば当然です。専門知識をもつ当事者がつくるソフト・ローより、国会議員などの政治家がつくるハード・ロー（法律）が先行するはずはありません。

ルールづくりに関与した企業は、ハード・ロー化しても従来の延長線上で対応すればいいので負担感は大きくありません。一方、ルールづくりに関与しない企業や、そもそもルールの存在すら認知していない企業は、ハード・ロー化されたとたんに、さまざまな対応を求められるので負担感は重くなります。場合によっては、技術力がある会社でも、ルール次第で経営難に陥る可能性さえあるほどです。その意味では、**ルールづくりには早くから関与して、自社に有利なルールをつくることができれば、その後のビジネスを有利に展開するための大きな助けになります。**

ところが日本企業の多くは「ルールは国が決めるもの」と考えがちで、自らが決める主体になろうとする発想が希薄です。もっといえば、海外で実効性をもつソフト・ローの情報に無頓着な企業も少なくありません。こうした姿勢が欧州に「デファクト・スタンダード」を主導される現状を生み出しているともいえます。

ルールづくりに関与することで実現される4つの効果

1	売上の増加	自社製品を際立たせるルールを設定することで、他社製品と差別化し売上を増加
2	売上減の回避	自社に不利となる競争環境をルール形成により是正することで、売上減を回避
3	コストの削減	自国と同様のルールを他国にも適用することで、同一規格で製品を製造しコストを削減
4	コスト増の回避	自社に不利となるルール形成の動きに対抗することで、コスト増を回避

日本企業と欧米企業のルールづくりのスタンスの違い

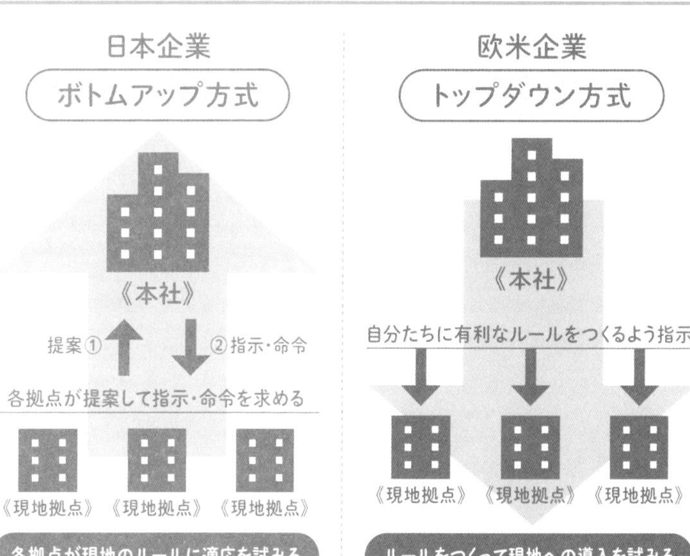

まとめ

- □ 法制化される前のソフト・ローにもアンテナを立てておく
- □ ルールは企業利益に直結する要素であることを認識すべき

Column

気になる「中国」の環境問題への対応のいま

これまでの中国は、電力の約6割を石炭火力発電に頼り、温室効果ガスの大量排出もやむなしという立場をとってきました。ところが2020年9月に習近平国家主席は「温室効果ガス排出量を2060年までに実質ゼロを実現できるよう努力する」と宣言。大きく方針を転換して世界を驚かせました。この目標は「意欲的」として国際的にも高く評価され、好意的に受け取られました。

中国は、2060年までの実質ゼロを実現するため、2030年までに1次エネルギー消費全体の約25%を非化石エネルギーで賄うとする目標を掲げています。「脱炭素化」を新たな経済発展の起爆剤にすべく国を挙げて再生可能エネルギーに注力しており、太陽光パネルの世界シェアの7割以上を中国企業が握るほどになっています。

2021年4月に開催された気候変動サミットでは、ウイグルや香港における人権問題、安全保障分野で対立を深めている米国と、気候変動対策で協調する姿勢を示しました。一方で「先進国VS発展途上国」という対立軸を持ち出し、習主席は途上国代表としての立場から「発展途上国に資金や技術などを適切に支援するべき」と先進国からの圧力をかわすような発言をしています。この裏には「2060年までに温室効果ガス排出量を実質ゼロ」という目標の達成が現状の見通しでは難しく、その予防線を張りたい心理が見え隠れします。

世界最大の温室効果ガス排出国である中国は、気候変動対策の成否を握る最重要国です。今後の動向は世界中から大きな注目を集めることになるはずです。

THE BEGINNER'S GUIDE TO ENVIRONMENT, SOCIAL, GOVERNANCE

Part 4

ESGを実践するのは
企業経営の常識に！

なぜ企業は「ESG経営」を推し進めるのか

「ESG経営」とはいったいどんな経営を指すのか?

外部からの力を中長期的な成長につなげる

大量生産・大量消費社会で経済成長を実現してきましたが、豊かな暮らしと引き換えに、環境汚染、温室効果ガスの排出、人権侵害など、さまざまな問題の解決を先送りにしてきました。このままでは、持続可能な社会の実現は難しく、最終的に大きな犠牲を払うことになる――私たちはその現実を突きつけられています。

ここまで説明してきたように、企業は投資家や消費者などからだけでなく、2020年10月に菅首相が表明した「2050年までのカーボン・ニュートラルの実現」に代表されるように、政府からも強く対応を迫られます。もし、こうした力を「圧力」と考えるなら、それはオールド資本主義的な発想から抜け出し切れていない証しです。その「力」を利用して、うまくESGを経営に取り込み、**環境、社会、ガバナンスにおける多くの問題を解決しながら、「持続可能な経済成長」の実現に結びつけるのが「ESG経営」**です。逆にいえば、ESG課題の解決にいくら貢献したとしても、中長期的な経済成長に結びつけることができなければ、ESG経営をする目的を果たしたことにはなりません。

じつは世界的に、日本企業は周回遅れの感は否めません。2020年代になって国内でも「ESG」という言葉を見る機会が増えましたが、PRI(P.34)でESGという言葉が脚光を浴びるようになったのは2006年です。欧米の企業にとって、ESG課題の解決に積極的な経営は当たり前で、**いまさら「ESG経営をしています!」と対外的にアピールするのは時代錯誤的になっている**ほどです。

「ESG経営」が目指すのは、ESG課題の解決と自社の持続的成長

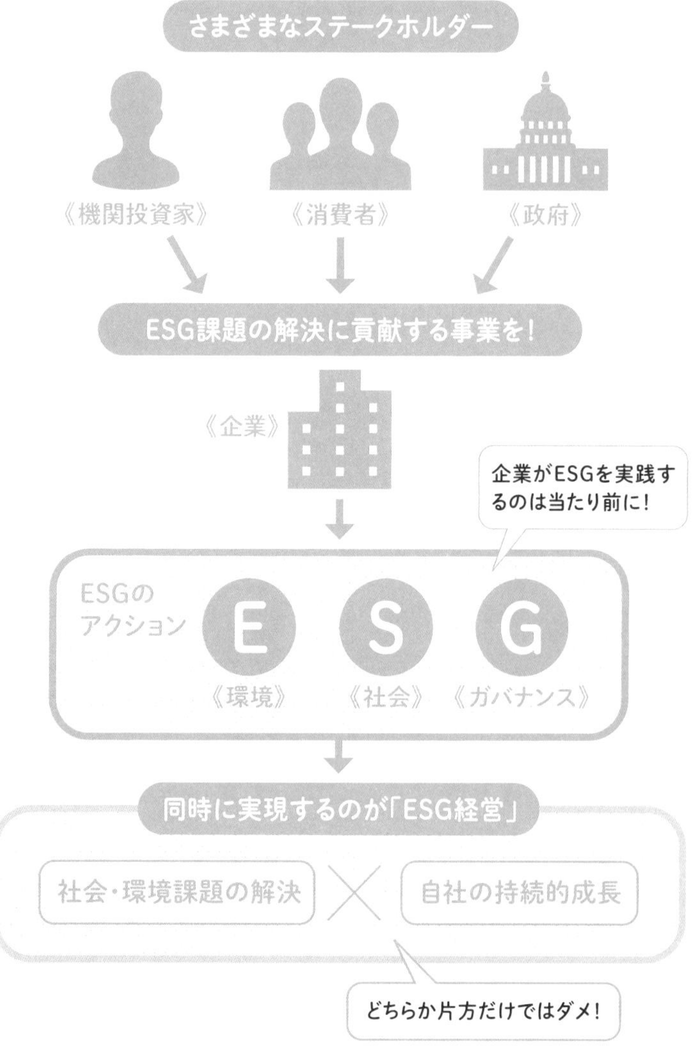

まとめ

- □「ESG経営」は持続的な経済成長なくして成立しない
- □すでに欧米の主要企業では「ESG経営」は当たり前のこと

積極的なESG経営がもたらすわかりやすい3つのメリット

「ESG経営」は、持続的な経済成長を実現する

消費財世界大手ユニリーバでは、2009年にポール・ポールマン氏がCEOに就任すると、長期戦略を重視するために四半期ごとの利益報告をやめました。短期的利益を追求すれば、すぐに利益に結びつかないESG課題の解決に対応できなくなるからです。その後、同社は業績を拡大させ、その方針が間違っていなかったことを証明しています。ESG経営のメリットにいち早く気づく慧眼があったといえます。そのメリットにはどんなことがあるのでしょうか。

まず、ESG課題の解決を事業活動に組み込むことで、**長期的な事業転換を断行できる**ことが挙げられます。たとえば、サプライチェーン安定化のための農家支援、女性が働きやすい環境の構築などを率先して実現しました。また、環境問題や社会課題を解決できる事業を展開する企業は、**優秀な人材を呼び込むうえでも有利**です。実際、途上国で水や衛生、食料問題の解決に向き合うユニリーバは、世界各国で大学生が働きたい会社として人気です。エシカル志向を強める若者から見向きもされなければ、少子化が進む日本で人集めはますます難しくなるはずです。

そして、「非財務情報（P.86）」を積極的に開示し、外部に活動内容を周知することで、**投資家や取引先、顧客など社外からの評価を高められる**ことも大きなメリットです。ESG指数（P.44）に組み入れられれば株価も上昇しやすくなり、信頼できる企業と消費者から認知されれば、さらなる売上アップも期待できます。その意味では、**非財務情報をいかに開示するかはとても重要**です。

ユニリーバの売上高と営業利益の推移

出所:ユニリーバ

ユニリーバ元CEO
(2018年末退任)
ポール・ポールマン氏

長期視点で計画を進めるために、株価を気にしながら次の四半期の業績をよくするためだけに働くという誘惑を組織から取り払う必要があった。

ESG経営のわかりやすい3つのメリット

まとめ

- □ グローバル企業がESG経営を行うのはメリットがあるから
- □ 非財務情報の開示は、ESG経営を行ううえでとても重要

「トリプルボトムライン」という考え方の理想と現実

理想としてはわかりやすいが、現実では使えない概念

これまで企業のパフォーマンスを評価するときに重視されてきたのは、営業利益や純利益などの財務情報でしたが、非財務情報も開示するようになる流れのなかで、「トリプルボトムライン」という考え方がもてはやされています。

「ボトムライン」とは、損益計算書のボトム（最下段）に記載される「当期純利益（最終損益）」のことです。その経済的な最終損益だけでなく、**「環境的側面」と「社会的側面」の最終損益を加え、3軸によって企業を評価しようとするのが、「トリプルボトムライン（TBL)」という考え方**です。

簡単にいえば、温室効果ガスの排出を少なくできれば環境的利益が増え、職場が男女平等になるほど社会的利益が増えるといったように考えます。この考え方は理想を体現しているように思えますが、実際に企業の経営に取り入れるのは困難です。なぜなら、経済的損益は会計ルールに則って数値で示せますが、**環境的損益、社会的損益はルールが決まっておらず、数値化が困難**だからです。

いくら「環境的利益」と「社会的利益」が増えて賞賛されても、「経済的利益」が減った状態が続けば、企業はサステナブルではなくなり、結果として環境や社会にも貢献できなくなるというパラドックスに陥ります。だいたい、1億円の経済的利益と同じ価値の温室効果ガス削減量はどれぐらいなのか、男女平等はいくらに換算できるのかをどう計算するかは現時点では誰もわかりません。その意味で**TBLは一見わかりやすい考え方ですが、未完の空想**といえます。

「トリプルボトムライン」とは?

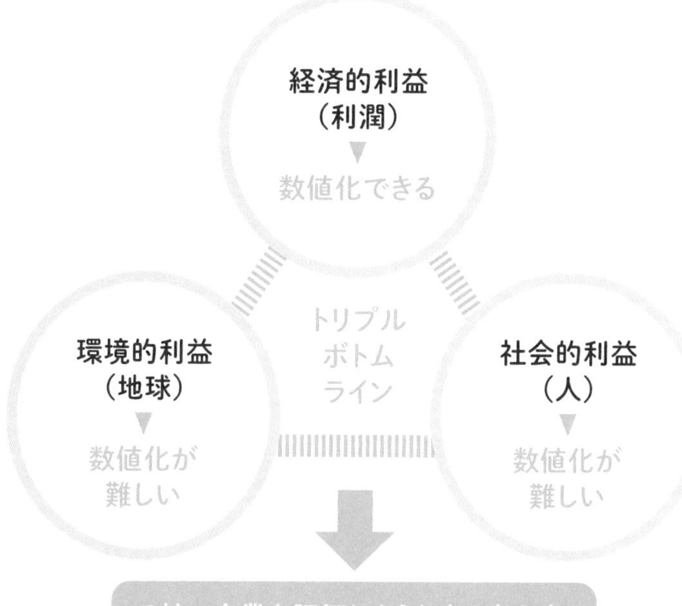

3軸で企業を評価しようとする考え方

「トリプルボトムライン」のおもな問題点

- 問題点① 「社会的利益」「環境的利益」の数値化が困難
- 問題点② 「経済的利益」がないと企業は存続できない矛盾
- 問題点③ ルールづくりにおいて世界的な合意形成が困難
- 問題点④ 賛同者は多いが「未完の空想」との指摘も多い

まとめ

- □ 現時点で、社会的利益と環境的利益は算出不可能
- □ トリプルボトムラインはわかやすい概念だが「未完の空想」

企業が「非財務情報」の開示に力を入れる理由

非財務情報の開示は社内に対するメッセージでもある!

企業の公開情報は、おもに貸借対照表、損益計算書、キャッシュ・フロー計算書などの財務諸表による「財務情報」と、それ以外の「非財務情報」の２つに大別できます。

上場企業はこれまで、金融商品取引法や会社法に基づく「有価証券報告書」などの法定開示、証券取引所規則などに基づく「決算短信」などの適時開示をしてきましたが、近年は年次報告書（アニュアルレポート）やサステナビリティ報告書、統合報告書などを使って、自主的に非財務情報を開示するようになっています。

「非財務情報」は財務情報のように明確な定義はありませんが、右ページのような幅広い情報が含まれます。また、2020年９月に**世界経済フォーラムが提示した「21の中核指標」は、どのような非財務情報を開示するべきかを考えるうえで参考になります。**

近年、企業が非財務情報の開示に注力するのは、機関投資家や消費者の目を気にするからだけではありません。情報を開示するには、必然的に温室効果ガス排出量や水の使用量、女性役員比率などを継続的に計測する必要があります。それによって、「どうすれば温室効果ガスの排出量を減らせるのか」など、具体的にESG課題の解決を考えやすくなり、社会のニーズにあった新商品・サービスを生むイノベーションにつなげることができます。**非財務情報の開示は、内部に変革を促すメッセージ**でもあるのです。それ以外にも他社との差別化、取引先や顧客からの信頼度アップ、優秀な人材の獲得など、持続的成長につながるメリットを生む効果が期待できます。

「非財務情報」に含まれる情報とは?

- 年次報告書などの財務報告内の財務諸表以外の情報
- サステナビリティ報告書などで開示される環境・社会面に関連する情報
- ガバナンス情報(内部統制報告書、ガバナンス報告書などの情報)
- 経営理念や中期経営計画といった経営の方針に関する情報
- ビジネスモデルや経営戦略に関する情報
- 無形資産(ブランド、特許、人的資本など)に関する情報

世界経済フォーラムが開示を求める「21の中核指標」

項目	テーマ	中核指標と開示事項
ガバナンスの原則	企業の目的	①目的の設定
	統治機関の質	②ガバナンス機関の構成
	利害関係者との対話	③ステークホルダーに影響を与える重要な事項
	倫理的行動	④汚職防止⑤倫理的助言と通報制度の保護
	リスクと機会	⑥リスクと機会のビジネスプロセスへの統合
地球	気候変動	⑦温室効果ガス排出量⑧TCFD提言の実施
	自然の喪失	⑨土地利用と生態系への配慮
	淡水利用の可能性	⑩水ストレス地域における水使用量および取水量
人	尊厳と平等	⑪多様性とインクルージョン⑫給与の平等 ⑬賃金水準⑭児童労働、強制労働のリスク
	健康とウェルビーイング	⑮健康と安全
	将来のためのスキル	⑯教育訓練
繁栄	雇用と富の創出	⑰雇用者数と退職者の状況⑱経済的貢献 ⑲金融投資への貢献
	より良い製品とサービスのイノベーション	⑳研究開発費総額
	コミュニティと社会の活力	㉑納税総額

出典:世界経済フォーラム「ステークホルダー資本主義の進捗の測定」

まとめ
- □ 近年は、非財務情報を開示することの重要性が増している
- □ 非財務情報の開示は、内部を変革するメッセージになる

「ウォッシュ」をした企業は大きな代償を払うことになる

誠実に真実を伝えることが信頼につながる

企業がESG課題の解決に貢献する行動が求められるなか、どうしても出てくるのが「グリーンウォッシュ」などのごまかしです。英語で「ごまかし」を意味する「ホワイトウォッシュ」と「グリーン（＝環境に配慮した）」を掛け合わせた造語で、実際にはさほど環境にやさしい製品・サービスや事業活動ではないのに、実態よりもよく見せかけることを指します。また、裏では人権侵害や強制労働に関与しているのに、表面上は反対を表明するなど人道に配慮した仮面をかぶる「ブルーウォッシュ」という言葉もあります。

最近では、「SDGsウォッシュ」という言葉も見られるようになっています。SDGsに関する情報を積極的に開示し、それを広く周知することは大切ですが、**嘘をつかないのは当然のこと、誇張したり、曖昧な表現も使うべきではありません。**もし、ウォッシュをすれば、ガバナンスが効いていない組織と見られて、ステークホルダーから何をやっても信用されなくなり、場合によっては消費者から不買運動を起こされるかもしれません。そうならないためには、英フテラ社 の「グリーンウォッシュ企業と言われないために避けるべき10の原則」は参考になります。とくに近年はNGOや消費者が企業の実態を見抜こうと監視の目を光らせています。結局は、**誠実に真実を伝える企業が信頼を勝ち取る**ことを忘れてはいけません。

また、企業が正確な情報開示をすれば、投資家にとってもESGに真摯に向き合う企業を投資対象として正しく選べることにつながります。その意味でも、誠実で正しい情報開示はとても重要です。

グリーンウォッシュ企業と言われないために避けるべき10の原則

原則① ふわっとした言葉の使用
はっきりした意味をもたない言葉や用語　例）エコ・フレンドリー

原則② 環境を汚染している企業なのにグリーン商品を売る
例）河川汚染をもたらす工場で生産される持続性の高い電球

原則③ 暗示的な図の使用
まったく根拠がないのにもかかわらず、環境に好影響を与えることを暗示するようなイメージ図を使う
例）煙突から煙の代わりに花が排出される

原則④ 不適切で、的外れの主張
そのほかの企業活動が反環境保護的にもかかわらず、一部で行っているわずかな環境活動を強調する

原則⑤ より悪いものとの比較で相対的によく見せる
同業他者が環境活動に対して極めて意識が低いときなどに、わずかながらの環境活動を行っているだけにもかかわらず、自社が他社よりも環境に配慮していると公表する

原則⑥ まったく説得力がない表現
危険な商品をグリーン化したところで、安全にはならない
例）エコ・フレンドリーなタバコ

原則⑦ まわりくどく、わかりにくい言葉
科学者でなければ、確認や理解ができないような言葉や情報を使う

原則⑧ 架空の人の主張を使った捏造
独自につくった「ラベル」であるにもかかわらず、第三者からの承認を得たかのようにして偽る

原則⑨ 証拠がない

原則⑩ まったくのウソ

出所：英フテラ社「The Greenwash Guide」より作成

まとめ
- ☐ 嘘やごまかしをする企業には大きなしっぺ返しが待っている
- ☐ 誠実な情報開示をする企業でなければ信頼は得られない

日本企業が知らなければいけない 2つの「行動規範」

企業の持続的な成長を支える2つの「規範」

日本では、2014年2月に日本版「**スチュワードシップ・コード**（以下、SSコード）」、2015年3月には「**コーポレート・ガバナンス・コード**（以下、CGコード）」が公表されました。**コードは日本語で「規範」を指す言葉**で、この両コードは機関投資家や企業が自ら遵守することを宣言するソフト・ロー（P.68）です。ESG課題の解決を通して企業の中長期的な企業価値向上を促すことで私たちの利益を守り、日本経済全体の成長を促す両輪として重視されているものです。

SSコードは、スチュワード（財産管理人）である機関投資家の行動規範です。GPIFや金融機関などの機関投資家は巨額資金を投資していますが、その資金の出し手は元をたどれば私たち（個人、年金加入者、保険契約者など）です。つまり私たちに対する責任（＝リターンをもたらす）を果たすために、投資先企業に対してESG課題の解決に取り組み、持続的成長を実現する行動を求めています。

一方、**CGコードは、東京証券取引所と金融庁などがまとめた、中長期的な企業価値向上のために上場企業の経営者が取り組むべき規範**のことです。このなかで企業は、機関投資家とその背後にいる最終的な資金の出し手である私たちに対して、中長期的にリターンを向上させるための「建設的な対話」を求められています。2015年3月の公表時には、ESGへの言及はありませんでしたが、2018年6月の改訂時に開示すべき「非財務情報」にいわゆるESG要素に関する情報が含まれることが明記されました。さらに2021年の改訂では、取締役会の責務にも位置づけられました。

「SSコード」と「CGコード」の概要

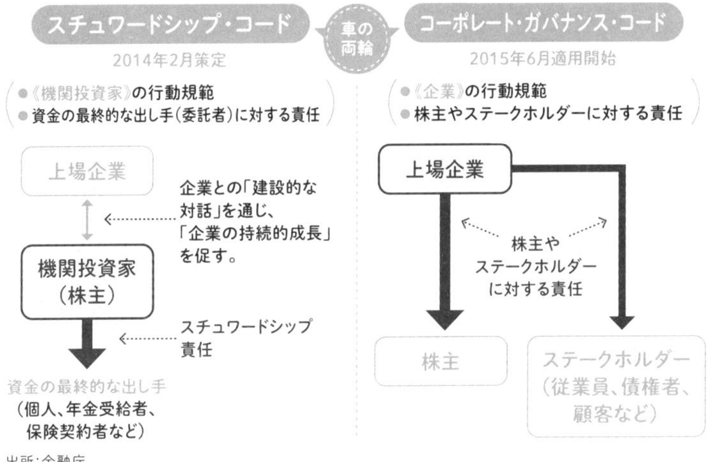

出所:金融庁

「SSコード」と「CGコード」の関係性

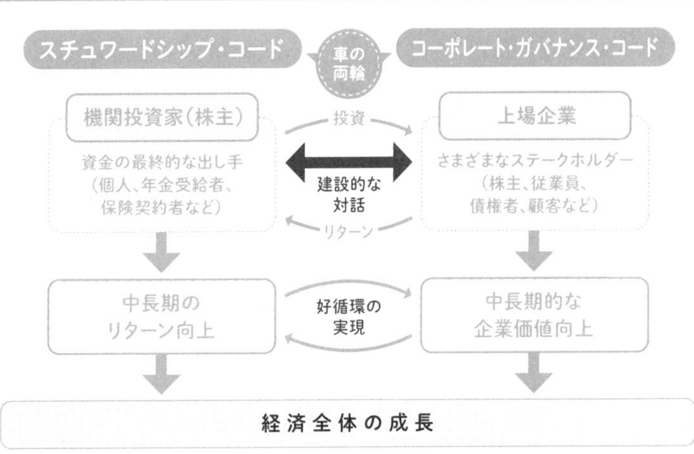

出所:金融庁

まとめ
- □「スチュワードシップ・コード」は機関投資家の行動規範
- □「コーポレート・ガバナンス・コード」は企業の行動規範

日本取引所グループが公表した「ESG情報開示実践ハンドブック」

情報開示をするための「4つのステップ」

2020年3月、日本取引所グループ（JPX）と東京証券取引所（TSE）は、上場企業の自主的なESG情報開示を支援するための「**ESG情報開示実践ハンドブック**」を公表しました。上場企業がESG情報開示について検討する際のポイントを中心に、関係する考え方や手順が以下の4つのステップに整理されています（右ページ参照）。

ステップ1　ESG課題とESG投資
ステップ2　企業の戦略とESG課題の関係
ステップ3　監督と執行
ステップ4　情報開示とエンゲージメント

ステップ1では、ESGの投資手法の基本的な説明や運用会社によるESG情報に基づく企業価値評価事例などが紹介されています。ステップ2では、ESG課題の解決を実践する前段階として、GRIスタンダード（P.94）、SASBスタンダード（P.96）、TCFD提言（P.98）といった情報開示ルールを利用しながら、企業が自社にとってのマテリアリティ（重要課題、P.136）を特定することの重要性などについて説明しています。実際にどのようにESG課題の解決を実践するかについて説明されているのがステップ3です。そして、ステップ4では、どのような基準を使って、どのように情報を開示するかを説明しています。

ステップごとに参考になる事例が紹介されており、**上場企業ならずとも中小企業にとってもESGを実践するうえで参考になる**内容です。一度は目を通しておくといいでしょう。

ESG情報の開示に至るまでの4つのステップ

STEP.1 ESG課題とESG投資

1-1) ESG課題とESG投資を理解する
- ESGと企業価値
- ESG課題
- ESG投資の拡大
- ESG投資と投資家の受託者責任
- 多様な投資家
- 投資家からのESG情報開示要請
- ESGとコーポレート・ガバナンス・コード
- ESG課題と企業活動

STEP.2 企業の戦略とESG課題の関係

2-1) 企業の戦略への影響を考える

2-2) マテリアリティ（重要課題）を特定する
- ESG情報におけるマテリアリティ
- マテリアリティ特定の意義
- マテリアリティ候補リストの作成
- ESG課題の重要度の評価
- 戦略への組み込み

STEP.3 監督と執行

3-1) 意思決定プロセスに組み込む
- 組織トップのコミットメント
- ガバナンス

3-2) 指標と目標値を設定する
- 指標の設定
- 目標値の設定
- PDCAの実施

STEP.4 情報開示とエンゲージメント

4-1) 開示内容の整理
- ESG課題と企業価値の関係
- 投資家の情報源

4-2) 既存の枠組みの利用
- 情報開示の枠組み

4-3) 情報提供時の留意点
- 情報を開示する媒体
- 英語での開示
- ESGデータの保証

4-4) 投資家との双方向のエンゲージメント
- 目的をもった対話
- 多様なエンゲージメントへの対応

まとめ

☐ 「ESG情報開示実践ハンドブック」は、ESG情報をどのように開示するかを知るための手引きになる

ESGにおける情報開示ルール①「GRIスタンダード」

世界中で使われている情報開示ルールのひとつ

オランダの首都アムステルダムを本拠地とする国際NPOのGRI（グローバル・レポーティング・イニシアティブ）が、財務報告のように**非財務情報の開示を標準化することを目指した手引書が「GRIスタンダード」**です。経済、環境、社会に与えるプラス面、マイナス面の影響を報告する全ステークホルダー（地域コミュニティ、取引先、従業員、投資家など）向けの基準（スタンダード）となっています。

世界の大手企業の上位250社の約75%が、サステナビリティ報告書や統合報告書などを発行する際に利用している、世界で最も広く採用されている非財務報告の枠組みのひとつです。

GRIスタンダードは、「共通スタンダード（100シリーズ）」と「項目別スタンダード（200､300､400シリーズ）」から構成されています。項目別スタンダードは、「経済（200シリーズ）」、「環境（300シリーズ）」、「社会（400シリーズ）」となっています。

GRIスタンダードは、報告の標準化を進めるため、項目別の開示事項を細かく定めているのが特徴で、それゆえにすべての文書は膨大な量になります。なかでもGRIスタンダードを大まかに理解するうえで押さえておくべきは、GRI101に記載されている、「報告内容に関する原則」と「報告品質に関する原則」からなる、「10の報告原則」です（右ページ下図参照）。

GRIスタンダードは、状況に応じて常に改定されており、企業、投資家、NGOなどが策定委員を構成します。

GRIスタンダード全体の概要

共通スタンダード

GRIスタンダードを
使用するための出発点

組織に関する
背景情報の
報告

マテリアルな
項目に関する
マネジメント
手法の報告

項目別スタンダード

マテリアルと特定した項目を選択して、その開示事項を報告

【含まれる項目】
GRI201：経済パフォーマンス
GRI205：腐敗防止
など7項目

環境
GRI
300番台

【含まれる項目】
GRI301：水と排水
GRI304：生物多様性
など8項目

社会
GRI
400番台

【含まれる項目】
GRI401：雇用
GRI409：強制労働
など19項目

GRIスタンダードの「GRI101」が定める10の報告原則

《報告内容に関する原則》

- ステークホルダーの包摂
- サステナビリティの文脈
- マテリアリティ
- 網羅性

《報告品質に関する原則》

- 正確性
- 比較可能性
- バランス
- 信頼性
- 明瞭性
- 適時性

まとめ

□ GRIスタンダードは、世界で最も広く採用されている非財務情報の開示の枠組みのひとつ

ESGにおける情報開示ルール②「SASBスタンダード」

重要課題を特定して定量的な情報開示を求めるSASB

SASB（サステナブル会計基準審議会）は、2011年に会計専門家によって設立されたESG要素に関する開示基準を設定するアメリカの非営利組織です。日本では一般に「サズビー」と呼ばれています。

この**SASBがつくる「SASBスタンダード」は、ESGにおける情報開示ルールのグローバル・スタンダード**のひとつです。

2020年1月に世界最大の資産運用会社米ブラックロックCEOラリー・フィンク氏が書簡で、「SASBスタンダードに従った情報開示」を世界中の企業に促しました。これを契機に日本でもSASBスタンダードに対する関心が急速に高まりました。

SASBスタンダードは、主に投資家に向けた情報開示ルールです。「SASBマテリアリティマップ」（P.2参照）では、全産業を11セクターに分け（さらに「消費財」セクターの下に「アパレル、電化製品、日用品」といったように77業種に分ける）、それぞれに右ページの5分野26項目のどれをマテリアリティ（重要課題）に設定したらいいかを示してくれています。それを参考に各企業は**将来の業績・財務に大きな影響を与える「マテリアリティ（重要課題）」を特定して、できるだけ定量的な情報開示をすることを求めています。**たとえば、「消費財」セクターの「アパレル、電化製品、日用品」業種は、「ビジネスモデル＆イノベーション」分野の「サプライチェーンマネジメント」項目の開示が重要とされています。

日本でもトヨタ自動車、日立製作所、キリンホールディングスなどでもSASBスタンダードを活用して情報開示を行っています。

SASBスタンダードの5分野26項目のマテリアリティ

《環境》
- 温室効果ガス排出量
- 大気質
- エネルギー管理
- 水および排水管理
- 廃棄物および有害物質管理
- 生物多様性への影響

《社会関係資本》
- 人権および地域社会との関係
- 顧客のプライバシー
- データセキュリティ
- アクセスおよび手頃な価格
- 製品品質・製品安全
- 消費者の福利
- 販売慣行・製品表示

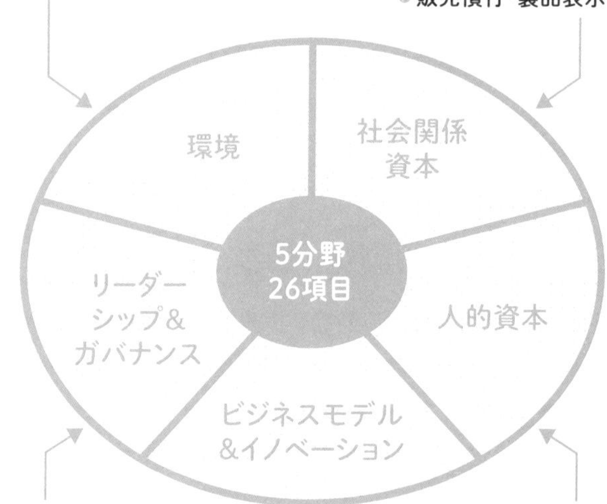

《リーダーシップ&ガバナンス》
- 事業倫理
- 競争的行為
- 規制の把握と政治的影響
- 重大インシデントリスク管理
- システミックリスク管理

《ビジネスモデル&イノベーション》
- 製品およびサービスのライフサイクルへの影響
- ビジネスモデルの強靭性
- サプライチェーンマネジメント
- 材料調達および資源効率性
- 気候変動の物理的影響

《人的資本》
- 労働慣行
- 従業員の安全衛生
- 従業員参画、ダイバーシティと包摂性

出所：SASB

まとめ

☐ SASBスタンダードは情報開示ルールのひとつで、企業におけるESGの重要課題を特定する際に参考になる

ESGにおける情報開示ルール③「TCFD提言」

気候変動に関することに特化した情報開示ルール

2015年12月に気候変動問題に関する国際的な枠組み「パリ協定」が採択されると、金融業界を中心に投資家が企業の気候関連のリスクと機会を適切に評価できるような情報開示の枠組みの必要性が増してきました。

2017年6月、各国の中央銀行総裁および財務大臣からなる金融安定理事会（FSB）が設立し、民間主導の作業部会である**TCFD（気候関連財務情報開示タスクフォース）が「TCFD提言」を公表**しました。その**目的は、企業に一貫性、比較可能性、信頼性、明確性をもつ、効率的な気候関連の財務情報開示を促し、投資家が適切な投資判断をできるようにすることです。**

TCFD提言は、企業などに対して、自社のビジネス活動に影響を及ぼす気候変動の「リスク」と「機会」について把握し、右ページにある全セクター共通ガイダンスで、「ガバナンス」「戦略」「リスク管理」「指標と目標」という4要素の開示を推奨しています。

付録文書では、気候変動の影響を潜在的に大きく受ける、4つの金融セクター（銀行、保険会社、アセットオーナー、アセットマネージャー）と4つの非金融セクター（エネルギー、運輸、原料・建築物、農業・食料・林業製品）について、全セクター共通ガイダンスを補足する目的で補助ガイダンスも作成されています。

2021年4月26日時点で、TCFDに賛同する企業・機関は世界全体で2,038あり、うち377は日本の企業・機関で、イギリス（322）、アメリカ（302）を上回り、国別で世界最多となっています。

「TCFD提言」の全セクター共通の提言内容

ガバナンス	戦略	リスク管理	指標と目標
気候関連のリスクと機会に関するガバナンスを開示	気候関連のリスクと機会がもたらす事業、戦略、財務計画への現在と潜在的な影響を開示	気候関連リスクをどう特定し、評価し、管理しているかを開示	気候関連のリスクと機会を評価および管理する際に用いる指標と目標について開示
推奨される開示内容			
a)気候関連のリスクと機会についての取締役会による監視体制を説明	a)特定した短期・中期・長期の気候関連のリスクと機会を説明	a)気候関連リスクを特定および評価するプロセスを説明	a)自らの戦略とリスク管理プロセスに即して、気候関連のリスクと機会を評価するために用いる指標を開示
b)気候関連のリスクと機会を評価・管理するうえでの経営の役割を説明	b)気候関連のリスクと機会がビジネス、戦略および財務計画に及ぼす影響を説明	b)気候関連リスクを管理するプロセスを説明	b)スコープ1、スコープ2およびスコープ3の温室効果ガス排出量と関連リスクについて説明
	c)2°Cあるいはそれを下回る将来の異なる気候シナリオを考慮し、戦略のレジリエンスを説明	c)気候関連リスクを特定・評価、管理するプロセスが、総合的リスク管理にどう統合されているかを説明	c)気候関連リスクと機会を管理するために用いる目標、および目標に対する実績を開示

出所：TCFD

まとめ
- ☐ TCFDは気候関連の情報開示を促すフレームワーク
- ☐ 日本はTCFDに賛同する企業・機関が世界で最も多い

乱立する非財務報告の統一基準の策定へ動き出した

多くの開示ルールがあることで、企業は混乱している

ここまで3つの情報開示ルールを説明してきましたが、情報開示ルールは3つだけではありません。非財務報告の必要性の高まりを背景に、さまざまな団体が報告基準を設定したことで、**さまざまな報告基準が乱立することになり、情報開示をする側の企業に大きな混乱が生じています。**

そもそも非財務報告は、財務報告に比べて報告範囲が広範に及ぶうえその範囲の特定が難しいため、ルール化が困難です。そこにいくつもの基準があることで、どの基準を使うべきかを検討する段階で迷いが生じるような状態になってしまっているのです。

こうした現状を憂慮したGRI（P.94）、SASB（P.96）、CDP、CDSB（気候変動開示基準委員会）、IIRC（国際統合報告評議会）の5つの基準設定団体は、2020年9月にそれぞれが開示すべきとする情報の違いを乗り越え、**財務報告のように幅広いステークホルダーが比較しやすくなる国際統一基準を目指す**ことを表明しました。

こうした乱立状態の対策として、国際会計基準策定のIFPS財団と金融当局の国際機関IOSCO（証券監督者国際機構）は連携しながら、報告スタンダードの調和に乗り出しています。しかしながらESG報告の分野は日々進化を遂げています。

企業は開示基準の変更に迅速に対応できるよう、自社が情報を開示する意義や、なぜESG情報を公表するのかの目的の整理をしながら、情報開示ルールの最新情報について敏感になることが求められます。

乱立する情報開示基準の統一化の方向へ

《利用主体》すべての企業

GRI グローバル・レポーティング・イニシアティブ

《開示基準》GRIスタンダード

《ミッション》幅広い関心事を考慮して、企業がESGへの影響を報告することを支援

《利用主体》上場企業

SASB サステナビリティ会計基準審議会

《開示基準》SASBスタンダード

《ミッション》証券取引所に提出する重要なサステナビリティ情報の開示の促進

《利用主体》企業、自治体

CDP 旧:カーボン・ディスクロージャー・プロジェクト

《開示基準》CDP質問書・ガイダンス

《ミッション》温室効果ガス排出量、水、森林、サプライチェーンに関連するデータの把握

2021年半ばに組織統合予定

《利用主体》上場企業

IIRC 国際統合報告評議会

《開示基準》国際統合報告フレームワーク

《ミッション》企業の「統合報告書」作成を可能にする指導原則とコンテンツ要素の確立

《利用主体》上場企業

CDSB 気候変動開示基準委員会

《開示基準》CDSBフレームワーク

《ミッション》主要な企業報告の財務報告に気候変動関連情報の開示を入れ込むことを促進

ESGの情報開示ルールは、日々進化している。最新情報に敏感にならないと乗り遅れる!

まとめ

- ☐ ESGに関する情報開示基準にはいろいろある
- ☐ 乱立する情報開示基準の統一化の動きも

Zホールディングスの ESGデータ集を見てみよう

積極的な情報開示は企業の信頼感を高める

とくに上場企業はESGに関する情報開示を拡大することが求められていますが、実際にどのような項目の情報が開示されているのかを見てみましょう。

なかでも参考になるのは、親会社にソフトバンク・グループ、傘下にヤフーやLINEをもつZホールディングスです。国内上場企業のなかでもとくに積極的なESGデータ開示をしており、同社のホームページの「サステナビリティ」→「ESGデータ集」でそのデータを見ることができます。このページでは、「環境」「社会」「ガバナンス」に分け、かなり詳細なデータを公表しています。

たとえば、「環境」項目では、「総CO_2排出量」「廃棄物リサイクル率」など、「社会」項目では、「管理職に占める女性比率」「育児休暇取得率」「障がい者雇用率」など、「ガバナンス」項目では、「内部通報件数」「政治献金」などを公表しています。

ESGにコミットした経営を内外にアピール企業は増えています。しかし、現状では、Zホールディングスのように誰にもわかるように、詳細なESG指標の開示をする企業は多くありません。同社は**積極的な情報開示によって、社外への周知だけでなく、社内に対しても緊張感をもって真剣にESGに向き合うように働きかけている**のです。

情報開示には、データ収集するための金銭的コストのみならず、時間的コストがかかります。それでも情報開示をするのは、**企業として肚（はら）を決めてESGに対する明確な姿勢を示すことが、そのコストを上回る長期的な利益をもたらすと考えられる**からです。

Zホールディングスの「ESGデータ集(2019年度)」(抜粋)

環境				
データ項目	2017年度	2018年度	2019年度	
				カバレッジ*
総CO2(スコープ1+2)排出量(t-CO2)	106,371 (83,865)	101,314 (81,226)	118,345 (90,276)	93.4%
スコープ1	3,060	3,614	4,203	93.4%
スコープ2	103,308	97,593	114,142	93.4%
スコープ3	―	1,339,004	1,338,755	80.3%
再生エネルギー比率(%)	7.00%	7.90%	12.31%	83.7%
水消費量(㎥)	326,546	339,829	577,406	92.0%
生物多様性保全投資額	470万円	800万円	1,035万円	42.5%

社会					
データ項目		2017年度	2018年度	2019年度	
					カバレッジ*
女性管理職数:全体に占める女性比率	女性	14.40%	16.50%	18.90%	99.0%
障がい者雇用率	全体	2.11%	2.17%	2.40%	―
育児休業取得率	男性	17.80%	16.30%	20.30%	99.0%
	女性	99%	99%	99.30%	99.0%
	復職率	96.10%	99.20%	95.10%	―
介護休暇利用者数	全体	70人	90人	113人	―
有給休暇取得率	全体	81.90%	77.80%	75.60%	99.0%

ガバナンス			
データ項目	2018年度	2019年度	
			カバレッジ*
内部通報件数	76件	87件	97.0%
政治献金	233万円	223万円	―

*「環境」「ガバナンス」のカバレッジは、Zホールディングスグループを構成するグループ各社の売上収益割合により算出。「社会のカバレッジの「―」の項目は、ヤフー株式会社単体のデータ。
※カッコ内数値は、ヤフーの施設(データセンター含む)および、同敷地内に拠点をもつグループ会社を含む値。

出所:Zホールディングス　ホームページ

まとめ

- ☐ ESG情報の開示は社内のESG対応を促す効果をもたらす
- ☐ 情報開示で社外にESG対応の真剣さをアピールできる

役員報酬をESGに連動させる企業が増えているワケ

アクションを起こすために役員報酬をESGと連動させる

米国では主要企業の半数以上が役員報酬制度にESG目標の達成度を連動させるしくみを導入しています。たとえば、米スターバックス（P.156）は2021年度から製造・小売部門の従業員の40%以上を有色人種にする目標の進捗を役員報酬に反映させています。

企業が役員報酬をESG評価に連動させるのは、経営者にESG成果を上げるように要求する株主側の要請に対して、企業側がESGへの対応の真剣さを示すひとつの表れだといえます。

これまで企業経営者は機関投資家を中心とする株主から短期的利益を求められてきました。しかし、その意識は変わり、中長期目線で非財務的な結果も評価されるようになり、いまではむしろESG課題に取り組むことが強く求められるほどです。いくら短期的利益を上げても温室効果ガス排出量を増やしたり、顧客満足度を無視すれば、かつてのような評価が得られる時代ではないのです。

日本企業は欧米に比べ後れをとっていますが、ESGを重視する企業が増えるなかで、財務的目標の達成だけでなく、**温室効果ガス排出量削減、顧客満足度の向上などの非財務的目標の達成度合いを役員報酬に反映させるしくみを導入する企業が増えています。**

たとえば、セブン＆アイ・ホールディングスが2021年2月期から温室効果ガス削減量を役員報酬に反映させるしくみを導入しました。その先には、「2050年に排出量を実質ゼロ」という長期的目標があります。このように役員報酬制度の変更を長期的な目標の達成に向けた実質的な行動につなげていくことが大切です。

ESGに連動した報酬制度を採用しているおもな企業

	企業名	内容
日本	セブン&アイ・ホールディングス	2021年2月期から温室効果ガス排出量の削減を役員報酬に連動させるしくみを導入
日本	ENEOSホールディングス	温室効果ガス排出量の削減を役員報酬に連動させるしくみを導入
日本	日立製作所	2021年4月から温室効果ガス排出量の削減を役員報酬に連動させるしくみを導入
日本	花王	米企業倫理推進シンクタンクのエシスフィア・インスティテュートが選定する「世界で最も倫理的な企業」に選定されたかどうかで役員報酬が変動するしくみを導入
日本	ANAホールディングス	顧客満足度、従業員満足度を役員賞与の評価基準に反映させるしくみを導入
アメリカ	シェブロン	温室効果ガス削減量を役員とほぼすべての従業員の報酬に連動するしくみを導入
アメリカ	スターバックス	2021年度から従業員の40%以上を有色人種にするといった目標の進捗を役員報酬に反映
アメリカ	アップル	2021年の役員賞与を社会的・環境的な価値観に対する実績に基づき最大10%増減させるしくみを導入
ヨーロッパ	ダノン	従業員待遇や環境施策の進捗で報酬20%を評価
ヨーロッパ	ロイヤル・ダッチ・シェル	温室効果ガス排出量の削減を役員報酬に連動させるしくみを導入
ヨーロッパ	ユニリーバ	役員報酬に栄養改善や廃棄物排出の削減、女性活躍など複数のESG指標を活用

出所：各種報道

まとめ

- □ ESG目標の達成度と役員報酬を連動させる企業が増えている
- □ 役員報酬を連動させて経営陣にESGをコミットさせている

「DX」なくして「ESG経営」の実現はできない

「デジタル技術の導入＝DX」ではない!

近年、注目を集めている「DX（デジタル・トランスフォーメーション）」は、端的にいえば、「企業業績を向上させるために、デジタル技術を使ってビジネスモデルや業務プロセス、企業風土など広範に企業を変革すること」です。一見、「DX」は「ESG」に無関係に思えますが、**DXはESG経営の成否を握るカギとなる要素**です。

ESG経営で重要になる「非財務情報」は、制度化されたルールがある「財務情報」とは異なり、可視化が簡単ではありません。たとえば、「廃プラスチックを100%リサイクルする」という目標を設定して、その進捗をどう把握するのでしょうか。そのためには物流をトラッキング（追跡）してデータを収集・分析して可視化する必要があります。それができなければ、現状を把握できず、情報開示もできません。デジタル技術を使ってタイムリーに把握できれば、スピーディーな情報開示ができ、ステークホルダーの信頼を勝ち取ることにもつながります。また、その情報をもとに素早い経営判断ができるほか、新商品・サービスの素早い投入、作業効率アップ、コスト削減などのメリットが期待できます。つまり、DXなくして環境・社会課題の解決はおぼつかないといっても過言ではないのです。

新型コロナという外圧は、日本のデジタル化による業務効率化を後押ししましたが、欧米に比べESGとDXを実効性のあるかたちでリンクさせている企業は少数です。新しいデジタル技術を導入することがDXではありません。**デジタル技術の導入をきっかけに、過去にとらわれないESG対応の組織に変革する**ことが大切です。

DX(デジタル・トランスフォーメーション)とは?

DX
Digital transformation
デジタル・トランスフォーメーション

企業の優位性を確立するためにデジタル技術を活用して、
ビジネスモデル、業務プロセス、企業風土などを変革すること。

業務効率化を目的とする「IT化」とは違う!

DXとESGは、企業に大きな変革を起こす仕掛け

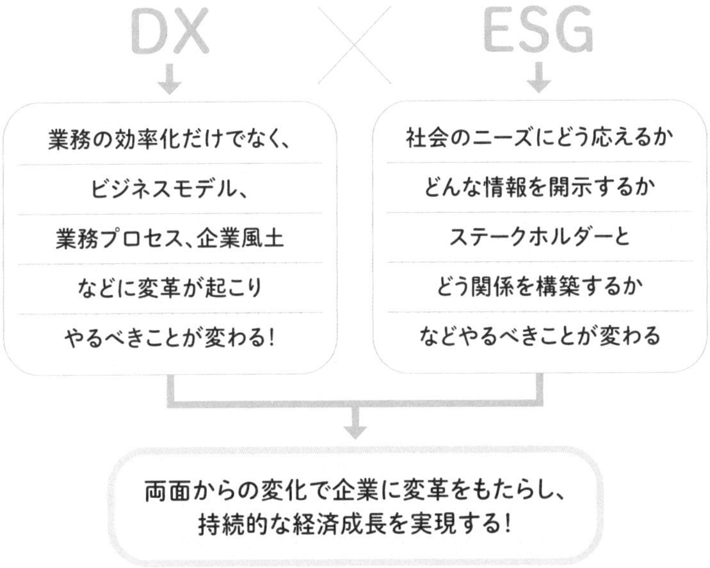

DX × ESG

DX ↓
業務の効率化だけでなく、
ビジネスモデル、
業務プロセス、企業風土
などに変革が起こり
やるべきことが変わる!

ESG ↓
社会のニーズにどう応えるか
どんな情報を開示するか
ステークホルダーと
どう関係を構築するか
などやるべきことが変わる

↓

両面からの変化で企業に変革をもたらし、
持続的な経済成長を実現する!

まとめ

- □ DXはデジタル技術を使って組織に変革をもたらすこと
- □ DXもESGも企業にさまざまな変革をもたらす仕掛け

Column

日本も無視できない「欧州グリーン・ディール」

2019年12月、欧州連合（EU）の政策執行機関である欧州委員会（EC）で初となる女性委員長にベルギー人のウルズラ・フォン・デア・ライエン氏が就任しました。発足前から大きな注目を集めていたのが、同委員長が目玉政策と位置づけるEUの新しい成長戦略「欧州グリーン・ディール」です。2050年までにCO_2だけでなく、すべての人為的な温室効果ガスの排出を実質ゼロにする「カーボン・ニュートラル」を目指します。

2020年1月14日にEUは「持続可能な欧州投資計画」を発表し、10年間で1兆ユーロ（約135兆円）を投じる計画を示しました。これにより洋上風力発電の規模を2050年までに2020年の25倍の300GWにするほか、電気自動車（EV）用の電池増産、急速充電ステーションなどの公共充電設備の普及、建物の省エネなどを進める予定になっています。

環境分野の施策だけにとどまらず、欧州の経済や社会の構造転換を図る包括的な戦略といえます。EUはデジタル分野で米国や中国の後塵を拝しているため、「環境」で覇権を握って巻き返したいだけでなく、新型コロナウィルスのパンデミックで大きく傷んだ経済復興の起爆剤としても期待しています。

EUの規制・ルールがグローバル市場に及ぼす影響力が大きいことを、EU本部がベルギーのブリュッセルにあることに由来して「ブリュッセル効果」といいますが、EUは環境分野の規制・ルールづくりで機先を制し、ブリュッセル効果で主導権を握ろうとしています。日本にとっても無関係ではいられないEUの動向には、これまで以上に注目する必要がありそうです。

THE BEGINNER'S GUIDE TO ENVIRONMENT, SOCIAL, GOVERNANCE

Part 5

消費者に支持されれば
心強い味方になってくれる！

ESGを推進するには「消費者」を巻き込め

環境や社会へのインパクトを考慮する「エシカル消費」とは？

消費者は「エシカル」視点で企業を選ぶようになった

私たちが買うすべての商品・サービスは、誰かがどこかでつくったものです。これまで私たちは消費者として、自分たちが使う商品・サービスの裏側にどのような背景があるかにはあまり関心を示してきませんでした。ところが近年、商品・サービスの裏側に児童労働や環境破壊などに関与がある商品を「買わない」ことを選択する消費者が増えてきています。このように**環境や人権、社会に対して十分配慮された商品・サービスを積極的に選択して買い求めることを「エシカル（倫理的）消費」といいます。**

「買い物は投票」といわれることもありますが、消費者は「エシカル」視点から商品・サービス、そして企業を選び、場合によっては、不買運動（P.116）というかたちで明確な反対票を投じるようになっています。エシカル消費は消費者の典型的なESG行動といえます。

商品やサービスがもたらす環境・社会インパクトを意識する消費者が増えれば、企業の変革を支え、社会全体が豊かで持続可能なものになっていくはずです。また、消費者が非倫理的な商品を選ばなくなれば、環境や人権といった大切なことをないがしろにする企業を淘汰する力が働きます。

消費者に対して「エシカル」であることをわかりやすく表示する認証制度も増えています。たとえば、持続可能で適切に管理され、環境に配慮した漁業を認証する「MSC認証」や、森林保護や人権保護の基準を満たすパーム油であることを認証する「RSPO認証」などがあります。

「エシカル消費」にはどんなことが含まれるのか?

環境インパクト

エコ商品を選ぶ
リサイクル素材を使ったものや資源保護などに関する認証がある商品を買う

生物多様性インパクト

認証ラベルのある商品を選ぶ

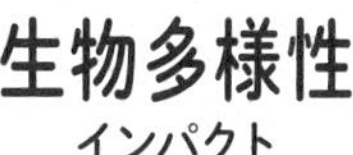

● MSC認証
海洋の自然環境や水産資源を守って獲られた水産物を購入する

● RSPO認証
環境への影響に配慮した持続可能なパーム油使用の商品(洗剤など)を使う

社会インパクト

寄付つき商品を選ぶ
売上金の一部が寄付につながる商品を積極的に買う

フェアトレード商品を選ぶ
途上国の原料や製品を適正な価格で継続的に取引された商品を使う

地域インパクト

地元の産品を買う
地産地消によって地域活性化や輸送エネルギーの削減に貢献する

労働者インパクト

強制労働によってつくられた商品は使わない
強制労働に関与する事業者の商品を買わないことで強制労働に抗議する

出所:消費者庁の資料より作成

まとめ

☐ 環境や社会へのインパクトを考慮するのが「エシカル消費」
☐ 消費者のエシカルな消費への意識が高まりつつある

世界の「エシカル消費市場」のいまを見てみよう

欧米の消費者はエシカルな消費行動が進んでいる

エシカル消費活動のひとつの形態に「フェアトレード」があります。これは生産者の所得向上を目的として、公正な貿易・取引を後押しするという考え方です。

Fairtrade Internationalが発表したレポートによると、2017年の日本のフェアトレード小売販売額は、9,369万ユーロ（約122億円）で、フェアトレードに対する意識が高い欧米でも特に意識が高いスイスは6億3,058万ユーロ（約820億円）でした。人口1人当たりの販売額にすると、日本はわずか0.74ユーロ（約96円）、スイスは74.90ユーロ（約9,737円）と約100倍の差があります。

欧米では消費者がフェアトレード商品を選好するため、企業が消費者に選ばれるために積極的にフェアトレードを実践するという好循環が生まれています。一方、日本ではそもそもフェアトレードに対する認知度が低く、消費者も購入する商品がフェアトレードであるかをさほど気にしていないため、企業がフェアトレードを実践するための圧力にあるほどの潮流が生まれているとはいえません。

他方、国内市場の縮小などによって、海外に活路を見いだそうとする日本企業は増えています。しかし、日本国内の感覚では、場合によっては欧米の消費者から「非倫理的」と見なされるリスクがあることに留意しなければいけません。また、日本でもSDGsが浸透してきたこともあり、欧米が考えるようなエシカル意識をもつ消費者が増えつつあります。「海外のことだから関係ない」ではなく、世界の潮流にも敏感に気を配る必要性が増しています。

国別のフェアトレード小売販売額(2017年)

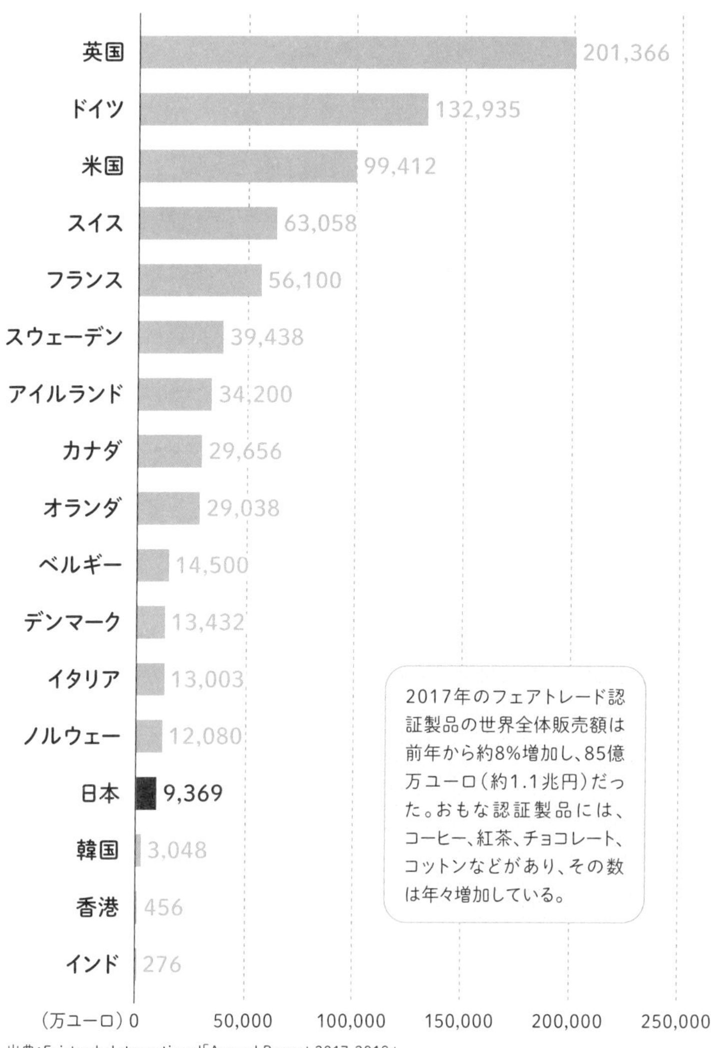

出典:Fairtrade International「Annual Report 2017-2018」

まとめ

- □ 日本は欧米に比べてフェアトレード消費の規模が小さい
- □ 国内の感覚では、欧米で「非倫理的」となる可能性がある

欧州では当たり前になりつつある「エシカル消費」の現在を知る

欧州の消費者が実践するさまざまな「エシカル消費」

欧州で「エシカル消費」が市民権を得ているのはすでに説明したとおりです。**とくに消費者が目を向けているのは、「自然環境」「動物」そして「人」に対しての倫理的なふるまいです。**

たとえば、2020年7月から日本でもレジ袋の有料化が実施されましたが、EUは2018年に10品目の使い捨てプラスチック製品の流通を2021年から禁止することを決定しています。そのはるか前の2014年には持参した容器に量り売りの飲料や洗剤などを入れて持ち帰る「廃棄物ゼロ」をコンセプトにしたスーパーがドイツで誕生しているように、政治を先取りする企業も少なくありません。

「動物愛護」の動きも活発です。たとえば、ガチョウやカモなどに強制給餌をして肝臓を肥大化させる生産過程が残酷という理由から、欧米ではフォアグラを生産するための強制給餌を禁止する国が増えています。また、家畜のゲップが大量の温室効果ガスを出し、飼料として大量の穀物や水を消費することから、環境負荷が大きい食肉を食べることを避けるためにベジタリアン（菜食主義者）やヴィーガン（完全菜食主義者）になる人も増えており、今ではレストランやカフェでベジタリアンメニューは珍しくなくなっています。

このほかにも欧米では、プラスチック・フリー、バイオデグレーダブル、クルエルティー・フリー、プレラブドなど、日本ではまだ馴染みのない言葉が生活に入り込みはじめています。こうした欧米の影響を受け、日本でも「エシカル」を求める消費者が増えており、そうしたニーズに対応する企業も増えています。

欧米の消費者に浸透するエシカル・キーワード

プラスチック・フリー
《Plastic Free》

プラスチックを使用しないこと。毎年7月には「プラスチック・フリー・ジュライ」というエコ運動が行われ、2020年には3億2,600万人が参加した。

例）容器持参の「量り売りショップ」

バイオデグレーダブル
《Biodegradable》

「生物が分解可能な」という意味で、微生物や菌類、細菌などによって分解され、土に還ることができるプラスチック製品などのこと。

例）生分解可能な素材を使った容器

コンポスタブル
《Compostable》

「堆肥化できる」ということ。微生物の力で分解・発酵させる点で「バイオデグレーダブル」だが、堆肥になる点が異なる。

例）植物由来素材を使った不織布マスク

クルエルティ・フリー
《Cruelty-free》

「残酷さがない」という意味で、動物由来の成分を含まない製品。また、人体への安全性や有効性の確認に開発段階で動物実験を行わない製品のこと。

例）クルエルティ・フリー化粧品

エシカル・ファッション
《Ethical Fashion》

アパレル業界の労働者に対する人権侵害や環境への悪影響が問題視されたことから求められるようになった「人や環境に配慮したファッション」のこと。

例）動物の毛皮を使わない人工毛皮

ヴィーガン
《Vegan》

肉・魚・卵・乳製品などの動物性食品をまったく食べない「完全菜食主義者」のこと。

例）動物の命の尊重から実践する「エシカル・ヴィーガン」

プレラブド
《Pre-loved》

「前の所有者に大事に使われていた中古の」という意味で、古着など中古品のこと。欧州ではサステナブル・ファッションにおけるキーワードのひとつ。

例）プレラブドのジーンズ

アップサイクリング
《Upcycling》

リサイクルやリユースとは異なり、廃棄物を元のモノの特徴を生かし、別の新しい製品として付加価値をもたせて生まれ変わらせる創造的再利用のこと。

例）廃タイヤでつくったバッグ

まとめ

- ☐ 欧米の消費者は「自然環境」「動物」「人」を見ている
- ☐ エシカルに関するさまざまな言葉が生まれている

消費者は「不買運動」という武器をもっている

これまでも消費者は不買運動で企業を批判してきた

近年、企業のESGに関連する問題に対して、消費者の関心が高まっています。それはその企業だけにとどまらず、原料の調達先などサプライチェーン全体にまで及びます。その背景には、これまで企業が看過できないさまざまな問題を起こしてきたことがあります。

2010年には、世界最大の食品・飲料会社であるネスレが国際的な環境保護団体グリーンピースから不買運動を展開されました。同社の主力商品「キットカット」の原料となるパーム油を供給していたインドネシア企業が、パーム油の原料となるアブラヤシの大規模プランテーション開発を行うため熱帯雨林を伐採し、オランウータンの生息地などの環境破壊をしていたからです。

ネスレはインドネシア企業からの調達を中止し、国際NGOザ・フォレスト・トラスト（TFT）とパートナーシップを締結。共同で「パーム油に関する責任ある調達ガイドライン」を作成して、使用する全パーム油を「持続可能なパーム油のための円卓会議（RSPO）」に認証されたものだけにしました。

ナイキの下請け工場が児童労働に関与したことで不買運動を起こされたように人権問題でも同じです。その企業自体がESGに関連する問題を起こせば、消費者離れを起こすのは当然ですが、**サプライチェーンの上流までさかのぼって、環境、人権、ガバナンスについて適切なマネジメントをすることが求められる時代になっています。**それができなければ、消費者は最大の武器である「不買運動」を使って正しい行動をするように求めてくることになります。

消費者が実行に移したおもな不買運動

発生年	対象企業	ESG区分	内容
1977年	ネスレなど	社会 ガバナンス	ネスレ社を中心とする乳児用粉ミルクメーカーが、人工乳による育児を奨励してきた。しかし、母親や乳児にさまざまな問題が発生したことで、乳幼児用食品販売戦略に対する抗議行動・不買運動が世界中に広がった。現在でもその活動を続けている人もいる。
1997年	ナイキ	社会	インドネシアやベトナムなどの工場で、低賃金労働、劣悪な環境での長時間労働、児童労働などを強いていたことを『CBS』『The New York Times』などが報道し、製品の不買運動が世界的に広まった。この問題により5年間で1.4兆円以上の売上を失った。
2000年	雪印乳業	ガバナンス	同社工場で起こった停電により高温のまま放置された脱脂粉乳の原料に毒素が発生。そのまま流通させたことで集団食中毒が起こり、被害は1万3,420人に及んだ。同社の対応のまずさもあり、消費者の雪印離れが加速。会社存続の危機に追い込まれた。
2001年	雪印食品	ガバナンス	取引先による内部告発によって、同社が国内産牛肉の産地を偽っていたことが判明した。補助金詐欺の実態も暴露されたことで社会的信用が失墜。消費者からも見放され、2002年4月に廃業することになった。
2008年	ワタミ	ガバナンス	社員が過労自殺したにもかかわらず、それに対する創業者の発言や会社の対応が世間から大きな批判を受けた。そのほかにもグループ企業で不祥事が発生して消費者の見る目が厳しくなり、業績に深刻な影響を及ぼす客離れが起きた。
2010年	ネスレ	環境	同社の主力商品「キットカット」に使われているパーム油の原料となるアブラヤシの栽培が熱帯雨林を破壊していると環境保護団体グリーンピースから批判され、不買運動に発展した。
2018年	バーバリー	環境	2018年の年次レポートで売れ残った服やアクセサリーなど3,700万ドル(約42億円)相当を、新品のまま焼却処分していることが判明すると、環境保護団体、環境意識の高い消費者が反発。不買運動に発展した。

まとめ

- ☐ 消費者は非エシカル企業に対して「不買運動」を起こす
- ☐ 企業はサプライチェーン全体に気を配る必要性が増している

Z世代、ミレニアル世代の「エシカル」に対する意識は高い

若い世代は、「今を犠牲にして未来はない」と考えている

ミレニアル世代（1981年～96年生まれ）、Z世代（1997年～2012年生まれ）は、それ以前の大量消費で育った世代とは異なり、フェアトレードや地産地消、オーガニックなど「エシカル消費」への関心が高いのが世界的な特徴です。これらの若い世代は、個人やコミュニティの犠牲の上に成り立つ豊かな生活よりも「社会を良くしたい」という方向性の考えに共感する傾向が強いとされています。

これらの世代はデジタルネイティブで、インターネットを使いこなし、SNSで国境を越えたやりとりをすることも珍しくありません。なかでもZ世代のオピニオン・リーダーは、スウェーデン人の環境活動家グレタ・トゥンベリさんに象徴されるように、自分たちの行動が社会にインパクトを与えられると考え、行動し、その上の世代にも大きな影響を及ぼすほどです。

「失われた30年」といわれるデフレ経済下で育った**日本のミレニアル世代やZ世代も、サステナビリティやエシカルに対する意識は高く、「今を犠牲にして未来はない」と考える人が増えています。**新型コロナの感染拡大後はさらにその傾向が強まっているようです。

米国ではX世代（1960年代～1970年代に生まれた世代）よりもミレニアル世代のほうが、ESG投資関連の資産を保有、もしくは興味を示す割合が高く（右ページ下図）、投資行動にもエシカルなスタンスが表れています。ESG選好度が高い、これから社会の中核を担う若い世代を消費者としてだけでなく、投資家として取り込むためにも、企業がESG対応を強化する重要性は増していくはずです。

日本の世代別の「エシカル消費」認知度

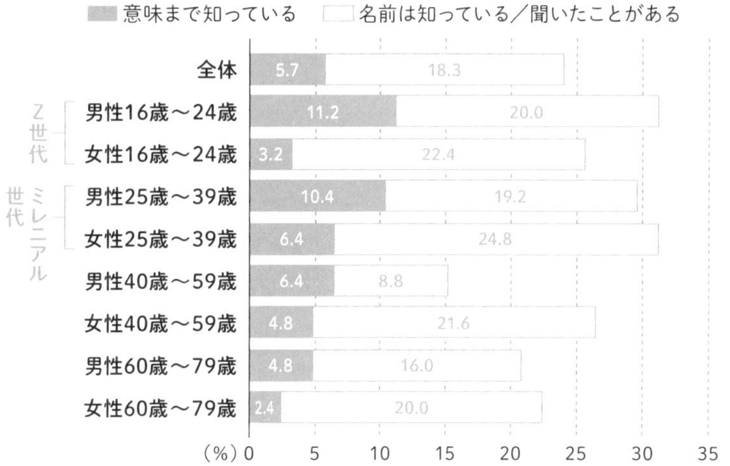

出所：電通「エシカル消費 意識調査2020」より作成

米国の世代間におけるESG投資関連資産の選好度の違い

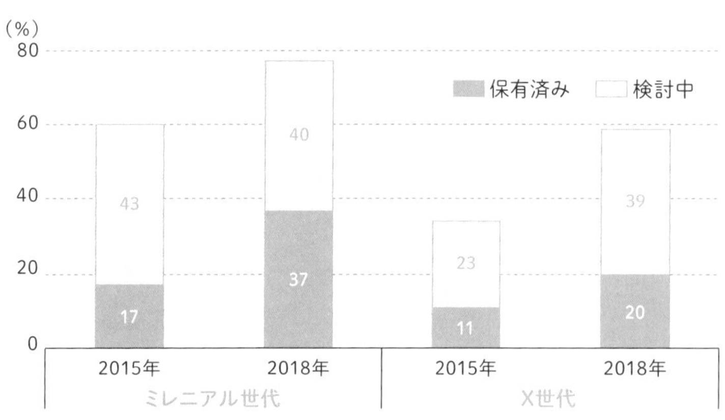

出典：日本銀行「日銀レビュー 2019年6月」

まとめ

- □ 若い世代は「社会を良くしたい」という気持ちが強い
- □ 投資面でも若い世代はESG選好度が高い

企業は消費者から監視されていることを意識する

消費者は企業の悪い面だけでなく、良い面も見ている

消費者は購入する商品・サービスの背景にある環境問題や人権問題に関心をもつようになっており、企業に率先して環境や人権を守ることを求めるようになっています。P.116で紹介した不買運動は、消費者の"監視の目"が企業の行動を是正し、世界をより良い方向に動かす力があることを示しています。

国際消費者機構（CI：Consumers International）は、8つの「消費者の権利」と5つの「消費者の責任」を提唱しています。企業は、この消費者の権利と責任に対して真摯に向き合う必要があります。もし企業が「消費者の権利」をないがしろにすれば、消費者は「消費者の責任」にあるような責任を果たすために行動を起こします。とくに、近年は消費者のエシカル意識の高まりやSNSの普及もあり、不買運動が国境を超え、あっという間に大きなムーブメントになる事例も増えています。

「企業を監視している」というと敵対的な感じがしますが、一方で、消費者は企業のエシカルな行動もきちんと見ています。ESG課題に対して向き合うことは、消費者が望むエシカル消費に応えることに合致します。**エシカル商品・サービスに好意的な反応を示す多くの消費者を味方につければ、大きな力になる**はずです。

実際に、消費者庁が2020年2月に公表した「『倫理的消費（エシカル消費）』に関する消費者意識調査報告書」によると、消費者に「エシカル商品・サービスの提供が企業イメージの向上につながると思うか」と聞いたところ、79.6%が「そう思う」と答えています。

国際消費者機構が提唱する「消費者の権利」「消費者の責任」

8つの「消費者の権利」

① 生活の基本的ニーズが保障される権利
② 安全である権利
③ 知らされる権利
④ 選ぶ権利
⑤ 意見を反映される権利
⑥ 補償を受ける権利
⑦ 消費者教育を受ける権利
⑧ 健全な環境の中で働き生活する権利

5つの「消費者の責任」

① 商品や価格などの情報に疑問や関心をもつ責任
② 公正な取引が実現されるように主張し、行動する責任
③ 自分の消費行動が社会(特に弱者)に与える影響を自覚する責任
④ 自分の消費行動が環境に与える影響を自覚する責任
⑤ 消費者として団結し、連帯する責任

エシカル商品・サービスの提供が企業イメージの向上につながると思うか

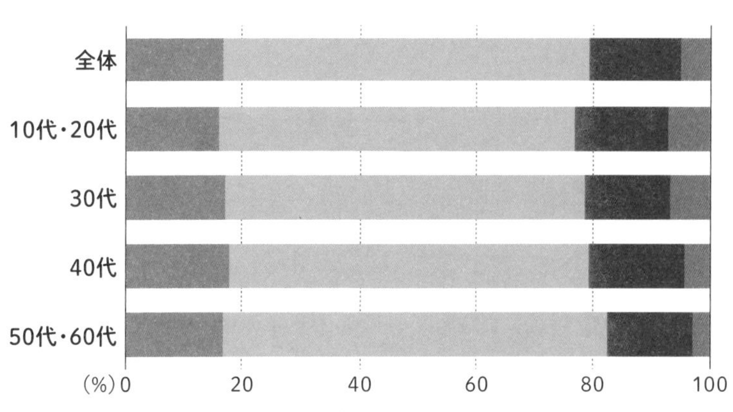

出典：消費者庁「『倫理的消費(エシカル消費)』に関する消費者意識調査報告書」

まとめ

- □ 消費者は「権利」を侵されれば、「責任」として行動を起こす
- □ エシカルな商品・サービスは企業のイメージアップに寄与する

「企業人」としても「消費者」の気持ちを忘れないことが大事

消費者としてされてイヤなことは、企業人としてもしない

働いているときには、ついついビジネス優先の視点になり、仕事から離れて消費者の立場になったときには、消費者目線になることはある意味、当たり前のことです。しかし、ひとりの人間として企業人と消費者を都合よく使い分けることについては、よく考える必要があるでしょう。

たとえば、勤務先で利益追求のために食品偽装をしている人でも、家で食べたものが食品偽装されたことを知れば、穏やかな気持ちでいることはできないはずです。企業人のときは、食品偽装を許し、消費者としては、それを許さない――そのときどきで態度を変えるのはおかしなことです。

企業はこれまでにさまざまな問題を起こしてきました。子どもたちを安い賃金でこき使う企業の人たちも、自分の子どもが児童労働に従事することには反対するはずです。公害問題を起こした会社の人たちは、自分の家族が公害の被害にあったときに黙ってはいられないはずです。**ESGを必要以上に小難しく考える必要はありません。究極的には、人にされていやなことはしない――こうした当たり前のことを当たり前に行うことです。**

大切なのは「企業人」としての立場、「消費者」としての立場で、物事の見え方がどう変わるのか、そのギャップを把握しておくことでしょう。企業人として、消費者から支持される倫理観で行動すれば、消費者の支持を失うリスクを大きく軽減できるのはもちろんのこと、支持を得て、企業の持続的な成長に結びつけられるはずです。

ESGについてシンプルに考えてみよう

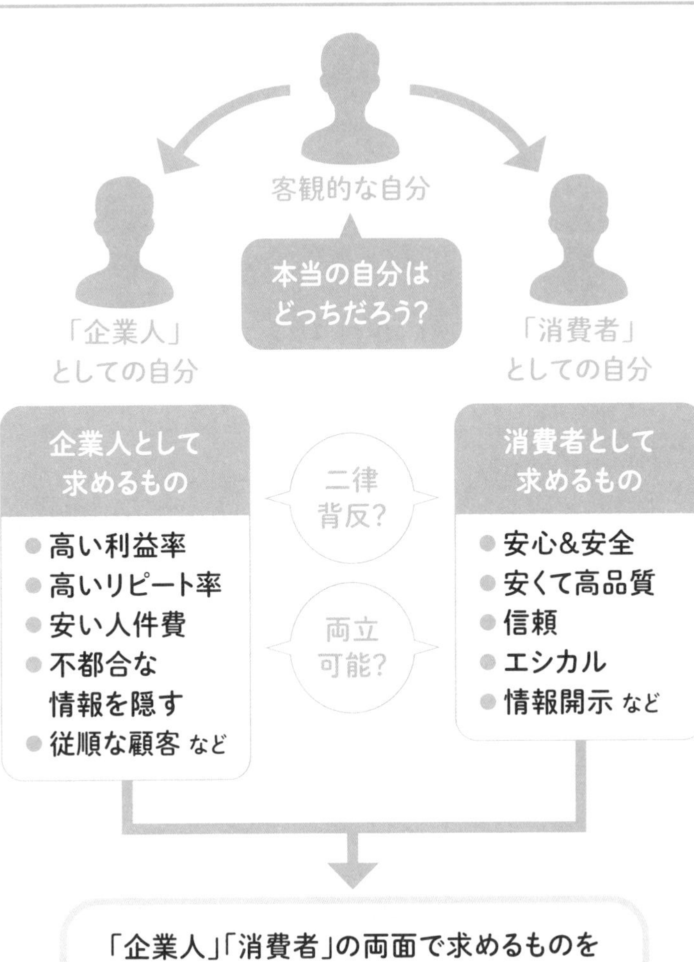

「企業人」「消費者」の両面で求めるものを
両立すれば、ESG課題の解決に貢献できて、
かつ経済成長も同時に実現できる！

まとめ

- ☐ 企業人としての自分と消費者としての自分の両面で考える
- ☐ ESGの本質は当たり前のことを当たり前に行うこと

Column

「中国」の人権問題に見る日本と世界の対応

中国政府による新疆ウイグル自治区におけるイスラム教徒ウイグル族に対する弾圧（宗教の自由への制限や強制労働、強制不妊手術など）が国際社会から強く批判されています。中国政府は、「人権問題はない」と否定しましたが、2021年3月に米国、英国、カナダ、EUは、人権侵害を理由に対中制裁（人権侵害に関与したとみられる人物の資産凍結や渡航禁止など）の制裁を発動しました。なかでも米国は「ジェノサイド（集団虐殺）」という言葉を用いて激しく非難しました。

政府の動きに先立って、人権問題に熱心なスウェーデン衣料品大手H&Mや米スポーツ用品大手ナイキなどのいくつかの欧米企業は懸念を表明。なかでもH&Mは「強制労働が行われているウイグル産綿花を使わない」と調達しない方針を示しました。

すると、中国の消費者は猛反発してH&Mの不買を呼び掛ける事態になり、ESGを重視する欧米の投資家と重要市場である中国の愛国心をもった消費者との間の板挟みになったのです。

中国を重要市場とする日本企業でも、製品にウイグル綿を使っているとみられたユニクロなどを展開するファーストリテイリングや無印良品などを展開する良品計画が板挟みとなりました。

際立ったのは対応の違いです。日本政府は制裁に慎重な姿勢を見せ、日本企業は曖昧な発言が多かった一方、H&Mのようにスタンスを明確に示す欧米企業は少なくありませんでした。ESGの視点では、人権侵害の疑いがあるウイグル綿を使えば中国の人権侵害に加担していると考えます。人権対応で遅れる日本は、人権に対する感度をより高める必要があるかもしれません。

THE BEGINNER'S GUIDE TO ENVIRONMENT, SOCIAL, GOVERNANCE

Part 6

早くから動き出せば
大きなベネフィットが期待できる

中小企業にこそ ESGはチャンスを もたらす

ESG経営をしなければ大企業と取引できなくなる!?

大企業は取引先にも「ESG 経営」を求めてくる

ESG は機関投資家などからのプレッシャーが強い大企業だけが意識するものと考えがちですが、中小企業も無関係ではありません。

かつて、ナイキは下請け工場で児童労働が行われたことが原因で消費者から不買運動を起こされました。ナイキが直接的に児童労働に関与したわけではありませんが、同社製品のサプライチェーン上で起こった問題だったので、ナイキがその責任を追及されました。

いまでは**大企業は、サプライチェーン上で起こるリスクを自社の問題と捉える**ようになっており、原材料の調達先や下請け業者に対しても ESG 課題への対応を求め、取引先（サプライヤー）に対して「行動規範」を示す大企業が増えています。右ページはアップルのサプライヤー行動規範ですが、ESG に関する幅広い事項が網羅されていることがわかります。

もし取引先の大企業が温室効果ガス排出量の削減を対外的に宣言すれば、**大企業は自分ごととして、サプライチェーンに連なる中小企業にも対応を求めてくる**のです。その要請に対応できない状態が続けば、対応できる調達先に変えられてしまうということです。

今後、こうした動きが強まることがあっても、弱くなることはないでしょう。体力がない中小企業にとって、急な ESG 対応は資金繰りに窮する可能性もありますが、資金調達しながら ESG を積極的に経営に取り入れていくのが得策です。未対応のライバル企業に先行して ESG に対応できれば、取引先との関係強化や新たなビジネスチャンスにもつながる可能性が高まります。

アップルの「Appleサプライヤー行動規範」の概要

分野	項目
労働者の権利と人権	●差別の禁止 ●ハラスメントや不当な扱いの禁止 ●強制労働と人身売買の防止 ●未成年労働者保護 ●未成年者就労防止 ●第三者の職業紹介事業者（の法令遵守） ●学生従業員保護 ●労働時間（管理） ●賃金および福利厚生 ●結社および団体交渉の自由 ●苦情申し立てシステム
健康と安全	●健康と安全に関する許認可 ●労働安全衛生管理 ●緊急事態への準備と対応 ●事故管理 ●作業環境および生活環境 ●健康と安全に関するコミュニケーション
環境	●環境に関する許認可と報告 ●規制物質（仕様の遵守） ●有害廃棄物の管理 ●非有害性廃棄物の管理 ●廃水の管理 ●雨水排出管理 ●排出ガス管理 ●敷地境界騒音の管理 ●資源消費量の管理
倫理	●原材料の責任ある調達 ●企業の誠実性 ●情報開示 ●知的財産の保護 ●告発者の保護と匿名による申し立て ●地域社会との関わり ●C-TPAT（テロ防止のための税関産業界提携プログラム）
マネジメントシステム	●企業ステートメント ●経営管理の説明責任および対応責任 ●リスク評価と管理 ●導入計画と基準を伴う実績目標 ●監査および査定 ●文書および記録 ●教育およびコミュニケーション ●是正措置の手順

- ☑ アップルはサプライヤーに5分野41項目の行動規範の遵守を求める
- ☑ 2019年には49カ国で合計1,142件のサプライヤー査定を実施した
- ☑ 国内法令とアップルが相反する場合は、より高い基準に準拠する

出典：アップル「Appleサプライヤー行動規範バージョン4.6」

まとめ

- □ 大企業はサプライヤーに行動規範を求めるようになった
- □ 行動規範を遵守できなければ、取引できなくなることも

中小企業に融資する銀行はESGを見るようになっている

ESGを考慮しなければ、銀行は融資をしてくれない時代に

パリ協定やSDGsなどを背景として、ESGを考慮した資金の流れが世界的に急速に広がっています。国内でも企業にESG対応を促すため、数値目標の達成で金利を引き下げる新たな融資手法「**サステナビリティ・リンク・ローン（SLL）**」が広がりつつあります。

温室効果ガスを排出する石炭火力発電事業向けの融資が多いと批判されてきた三菱UFJフィナンシャル・グループ（MUFG）、みずほフィナンシャルグループ（MHFG）、三井住友フィナンシャルグループ（SMFG）の日本の3大メガバンクは、すでにこの分野への新規投融資を原則中止する方針を打ち出しました。金融機関は急速にESG重視の投融資へシフトチェンジしているのです。

こうした動きはメガバンクだけにとどまりません。ESG地域金融に注力する滋賀銀行は、温室効果ガス排出実質ゼロの実現と、地元企業の企業価値向上を同時に目指す融資商品として、国内の地方銀行として初となるSLLの商品化を行いました。具体的には、外部評価機関などのデータを活用しながら参考にして、温室効果ガス削減目標などの**サステナビリティ・パフォーマンス・ターゲット（SPTs）**を設定し、達成状況などに応じて金利優遇などを行うしくみです。

このように金融機関の融資の側面からもESG課題の解決を後押しする流れが強まっており、今後は融資の大きな軸になるとみられています。ESGに向き合う事業活動を行うことで資金調達が有利になる一方、**中小企業といえどもESGを無視すれば、融資を受けることが難しい時代になってきた**ということです。

サステナビリティ・リンク・ローンのしくみ

サステナビリティ・パフォーマンス・ターゲット（SPTs）の例

カテゴリー	例
エネルギー効率	借り手が所有またはリースしている建築物および／または機器のエネルギー効率の評価の改善
温室効果ガス排出量	借り手が製造または販売している製品、あるいは生産または製造サイクルに関する温室効果ガスの削減
再生可能エネルギー	借り手が生成または使用する再生可能エネルギー量の増加
水の消費	借り手が行う節水
手頃な価格の住居	借り手が開発する手頃な価格の住宅戸数の増加
持続可能な調達	検証済みの持続可能な原材料／貯蔵品の利用の増加
循環経済	リサイクル率の上昇、またはリサイクル原材料／貯蔵品の利用の増加
持続可能な農業および食料	持続可能な商品および／または質の高い商品（適切なラベルまたは認証を使用）の調達／生産の改善
生物多様性	生物多様性の保護と保存の改善
グローバルESG評価	借り手のESG格付けの改善および／または公認のESG認証の達成

出典：LMA, APLMA, LSTA (2019)「サステナビリティ・リンク・ローン原則（環境省仮訳）」

まとめ

- ☐ 金融機関は企業のESGを後押しする商品を増やしている
- ☐ ESG活動は、金融機関の融資条件の優遇につながる

中小企業も、できることを「攻め」と「守り」で考える

ESGには「攻め」と「守り」の両面がある

「ESG経営といわれても何から手をつけていいかわからない」

中小企業の多くはそう考えて立ち止まりがちです。「ESGはコスト」ではなく、「未来への先行投資」だと理解して、中長期的視野をもって自社の事業について俯瞰してみます。

そもそも、すでに営んでいる現在の事業が、ESGの潮流で追い風となることは少なくありません。たとえば、自社が水漏れを防ぐバルブの製造を本業にしているのなら、その本業自体がすでに水使用量の削減につながっています。そのことをESGと結びつけて営業を行えば、事業機会の拡大をもたらす"攻め"のESGにできます。

ところが、中小企業のなかには自社の事業とESGの接点を見出せていないケースが少なくありません。その接点を見つけられなければ、人知れずこっそり隠れてESG経営をしているのと同じです。隠れて「善きこと」を行うのは日本人的な美徳かもしれませんが、ESG課題の解決に結びつく事業活動を積極的に外部に周知し、新たな事業機会につなげることが大切です。そのためには、これを機に自社の事業とESGのつながりを見つめ直してみるといいでしょう。

一方で、社内のパワハラがあったり、法規制に違反していることが外部に知られることになれば、自社の業績にも悪影響が及ぶほど大きく評判を落とすかもしれません。そうならないための"守り"のESGについて考えることも大切です。

ESGに向き合った経営は、事業機会を増やす"攻め"の側面と、リスクを低減する"守り"の側面があるのです。

「攻めのESG」と「守りのESG」とは?

攻めのESG（事業機会の拡大）

- 社会課題解決型の商品・サービスの提供
- 環境へのインパクトを可視化した商品開発
- 事業を通じた地域コミュニティへの貢献
- 野心的な目標の設定

など

守りのESG（事業リスクの低減）

- 温室効果ガス排出量の削減
- 責任ある調達の確保
- 労働安全衛生、女性が働きやすい労働環境
- プライバシー保護

など

事業機会の拡大につながる「攻め」のESGは何があるだろう?

事業リスクの低減につながる「守り」のESGは何があるだろう?

社内外を見わたせば、できることは必ずある!
「攻め」だけでも「守り」だけでもダメ!

持続的な経済成長

まとめ	
	☐ "攻め"のESG経営は、事業機会の増大につながる
	☐ "守り"のESG経営は、リスクの低減につながる

「バックキャスティング」「アウトサイド・イン」で考える

ESGに向き合うために必要な2つの大切な考え方

中小企業といえども「ESG経営」に無関心ではいられなくなっています。ESG活動を実際に行ううえで大切な4つのポイントを以降のページで触れていきますが、その前にESGに向き合うマインドセットを変える必要があるかもしれません。

そのひとつが、**野心的な目標を掲げ、未来のあるべき姿から今やるべきことを逆算して考えて行動する「バックキャスティング」という考え方**です。多くの企業は今できることの延長線上の結果を目指す「フォアキャスティング」で思考します。これではどうしても従来のやり方にとらわれてしまいます。ところが、バックキャスティングで発想すると、従来の方法ではない、新しい解決策がどうしても必要になるので破壊的想像が生まれる可能性が高まるのです。

そして、もうひとつの考え方が「アウトサイド・イン」です。多くの企業は自分目線（インサイド・アウト）で考えたり、顧客ニーズの起点に製品・サービスの開発を考える「マーケット・イン」で考えます。しかし、社会・環境問題を考えるときには、**その解決を第一に考え、そのためには自分たちは何をすべきかを考えて行動する「アウトサイド・イン」の発想が求められます**。極端なことをいえば、消費者がまだ望んでいなくても、P.154で紹介するスペインのアパレル大手インディテックスのように、社会のニーズとされる環境・社会問題の解決から考えるということです。

自分の立場から考えるのが間違いというわけではなく、アウトサイド・インの視点をもたないと見えない景色があるということです。

「バックキャスティング」と「フォアキャスティング」

「アウトサイド・イン」と「インサイド・アウト」

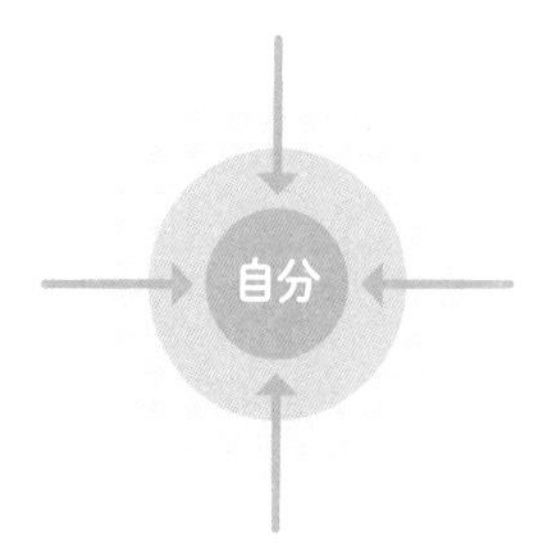

アウトサイド・イン

自身の「外部にある問題・課題」を起点に解決方法を考えるアプローチ。問題・課題に対して、どうすれば解決できるかを考えながら、現状と解決までのギャップを埋めていく。問題・課題が解決された未来から発想して現在を見るアプローチといえる。

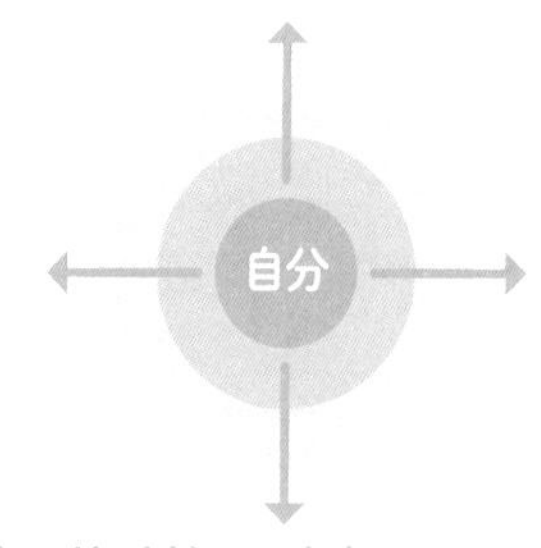

インサイド・アウト

問題・課題の解決を考える際に、「自身を改善せずに自身の外部にある問題・課題を解決できない」と自身を起点に考える。現在の延長線上で未来を考えるアプローチといえる。

まとめ

- □ 野心的な目標を掲げて、「バックキャスティング」で考える
- □「アウトサイド・イン」で環境・社会問題の解決を考える

ポイント①
経営陣が積極的に関与する

トップの積極的な関与なくしてESG経営の成功はない

企業はさまざまなステークホルダーからESGに対する真剣度を見られています。**熱意をもったESG経営を行う企業に変わるためには、経営トップの積極的な関与は重要**です。

たとえ、社内に環境・社会課題を解決する優れた事業アイデアがあっても、経営トップの同意なしでは事業は行えませんし、ガバナンスに関する耳の痛い声があっても、経営トップに聞き入れる度量がなければ、ガバナンスの効いた組織にはなりません。

いつの時代も経営者には「可能性のある新たなチャレンジかどうかを見極める眼力」「長期的な時間軸でビジネスを考える視野」「新事業を引っ張るリーダーシップ」が求められますが、オールド資本主義からニュー資本主義に移行する端境期にある中小企業のトップには、とくにその胆力が求められているといえます。

中小企業こそリーダーシップが発揮しやすいですから、「そのうちやる」と考えているなら「いますぐやらなければ」と意識を変え、トップが率先してESGの実践を先導するべきです。さもなければ、取引先のサプライチェーンから排除されるなど、近い将来、会社の存亡にかかわるピンチを招きます。もし自社のトップの考えがオールド資本主義のままなら、ESGの重要性を訴えるべきでしょう。

実行力がともなわなければ、絵に描いた餅になってしまいますから、ESG課題の解決をPDCAで実行する部署や人員の配置を適切に行って、経営トップ・取締役会による監督体制のもとでESG課題の解決を実行できる組織にすることが必要です。

ESGに対応できる実務体制をつくるときのポイント

①経営トップの関与		②ESGに対応した組織づくり
経営者が責任をもって関与することは重要。ESG課題に関する責任の所在の明確化、経営者に対する情報提供のプロセス、ESG課題の現状把握の方法などについて情報を開示することで、内部にも緊張感をもたせる。	×	既存の経営体制をもとに、ESGに対応できる組織づくりを考える。意思決定機関である取締役会で社外取締役を含めて自社のESG課題について認識したうえで、事業計画にESGを組み込み、課題解決を実行できる組織づくりを行う。

ESGの課題解決を実践できるマネジメント構造の例

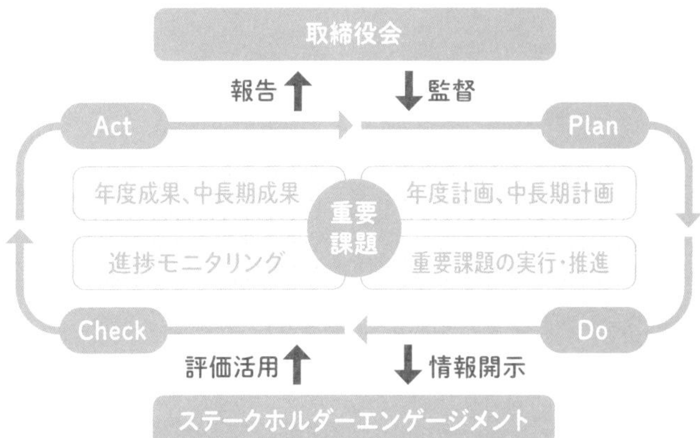

解決すべき重要課題をPDCAサイクルでまわすなかで、目標達成に向けたマネジメント構造を確立した事例。開示した情報に対するステークホルダーの評価を活用しながら、重要課題の解決を着実に進める一方、取締役会は担当部署から報告を受け、ESG対応の進捗を監視・監督している。

出所：ESG情報開示実践ハンドブック

まとめ

- ☐ 経営トップがESGに無理解ならESG経営の実現は無理
- ☐ 必要に応じてESG経営に対応した組織づくりをする

ポイント②明確なマテリアリティ（重要課題）を設定する

マテリアリティが決められなければ、行動を起こしづらい

ひとくちにESGといっても、その範囲は広いため、**自社にとってESG項目の何がマテリアリティ（重要課題）であるかを特定する必要があります。**もしマテリアリティが不明瞭なままESG活動を進めようとしても、何をしていいのかはっきりしなくなるため、具体的な成果に結びつかなくなってしまいます。

マテリアリティの特定のプロセスは、各企業がホームページ上などで公開していますが、ここでは日用品大手の花王を例に、以下の4つのステップで考えてみます。

ステップ①候補テーマの特定……各種ガイドライン（例：SASBスタンダード、GRIスタンダードなど）やSDGs、ステークホルダーとの対話、ESG評価機関の評価項目などを参考に候補テーマを選定。

ステップ②優先度の設定……プロセス①でリストアップした候補テーマについて、自社の事業成長や企業価値向上における重要度を社外のステークホルダーや社員に評価してもらい、その結果を踏まえ、「ステークホルダーにとっての重要度」と「自社にとっての重要度」の2軸のマトリクスでマッピング。この評価結果と第三者の意見をもとに、社内で審議し、マテリアリティを決定。

ステップ③承認……取締役会で承認後、マテリアリティを各部門の目標や事業計画に落とし込み。

ステップ④レビュー……マテリアリティについて定期的にレビューし、外部の有識者の意見も取り入れながら、必要に応じてステップ①～③でマテリアリティの見直しを行う。

マテリアリティを特定するための4ステップ

①候補テーマの特定
・候補テーマのリストアップ
・関連部署や社外関係者へのヒアリング

リストアップした候補テーマについて、自社の事業成長や企業価値向上における重要度を、社外のステークホルダーおよび社員で評価。マテリアリティ・マトリクスに落とし込む。

③承認
選定したマテリアリティを取締役会で承認。これに基づき各部門はそれぞれの目標および活動計画を策定し、ESG活動を実行に移す。

④レビュー
選定したマテリアリティを定期的にレビューし、必要に応じてステップ①～③のプロセスを回していく。

マテリアリティ・マトリクスの例（花王の場合）

リサイクルシステムの構築
持続可能な原材料の調達
製品のイノベーション
ライフサイクル全体の温室効果ガス排出量削減
水資源の保全
製品の安全性の管理
サステナブル消費に関する消費者啓発
人財育成
情報透明性の確保
廃棄物の削減
職場環境・労働安全衛生の向上と保安防災
コンプライアンスの徹底
清潔・衛生習慣の定着
社員のダイバーシティの尊重
環境汚染の防止
ユニバーサルデザインの配慮
マーケティング・イノベーション
QOLの向上

●快適な暮らしを自分らしく送るために　●よりすこやかな地球のために
●思いやりのある選択を社会のために　●正道を歩む

縦軸：ステークホルダーにとっての重要度
横軸：花王にとっての重要度

出典：花王「花王サステナビリティ データブック Kirei Lifestyle Plan Progress Report2020」より作成

まとめ
- ☐ 社内外の意見を聞いてマテリアリティを絞り込むことが大事
- ☐ マテリアリティを必要に応じて変更する柔軟性も必要

ポイント③ESGの視点を盛り込んだ目標を立てて実行する

3つのステップで目標を設定し実行にもっていく

マテリアリティを特定しただけでは意味がありませんから、具体的な目標を設定し、それに向かって実行しなければいけません。以下の手順で目標を設定して、行動に移すといいでしょう。

①目標範囲を設定し、KPI（重要業績評価指標）を選択する

それぞれの**マテリアリティに対する影響がわかりやすい計測可能なKPI（主要業績評価指標）をいくつか選択します。**温室効果ガス排出量や資源使用量などの環境に関する目標だけでなく、社会的な目標の設定も望まれます。なお、のちのち内外に情報開示するので、社内のローカル指標ではなく、誰が見てもわかるような一般的な指標でKPIを設定するべきでしょう。

②ベースラインを設定して、野心的な目標を掲げる

「女性役員数を2020年末（ベースライン）と比較して2025年末までに40%増加させる」といったように、**ベースラインを設定して目標を設定**します。このときの目標は野心的なものにすることが重要です。達成が難しい目標のほうが、創造性やイノベーションを生み、大きな成果を得られる可能性が高まるからです。

③目標を公表して、実行に移す

目標が決まったらESG課題の解決に向けて、アクションを起こしますが、その前に**目標を内外に公表することがポイント**です。それによって社内に緊張感をもたらし、目標達成意識を高める効果が期待できますし、ステークホルダーも進捗が確認しやすく、評価もしやすくなります。

アサヒグループホールディングスのマテリアリティとKPI(抜粋)

マテリアリティ	テーマ	対象組織	KPI
環境	気候変動	グループ全体	2030年までにScope1,2においてCO_2排出量を30%削減する(2015年比)
	持続可能な原料調達	アサヒグループ食品	RSPO認証パーム油の購入比率を、2020年に5%、2021年に25%を達成する(Book & Claim認証方式)
	持続可能な水資源	グループ全体	2030年までに水使用量の適正化やリサイクルシステムの拡大などにより、水使用量の原単位を3.2㎥/kl以下とする
	循環型社会の構築	国内事業会社	副産物、廃棄物の再資源化比率100%の継続
人	人権の尊重	アサヒグループホールディングス	2020年にサプライヤーにおける人権デューデリジェンスプロセスを開始する
	ダイバーシティ	アサヒグループホールディングス	国内事業会社での人権・LGBTに関するeラーニングの参加率90%以上を達成する
	労働安全衛生	国内事業会社	2023年までに特定健診受診率98%を達成する
コミュニティ	人と人とのつながりの創出	アサヒ飲料	14事業場において、地域課題解決につながる独自施策を実施する
	持続可能なサプライチェーンの実現	アサヒグループホールディングス	サプライヤーCSRアンケートの回答率90%以上を達成する
健康	食の安全・安心	グループ全体	品質事故ゼロを実現する
	健康価値の創造	アサヒグループ食品	「栄養相談活動」への参加人数10万人を達成する
責任ある飲酒	不適切飲酒の撲滅	グループ全体	2024年までに、すべてのアルコール飲料ブランド(そのブランドで販売されるノンアルコール飲料を含む)の製品に、飲酒の年齢制限に関する表示をする

出所:アサヒグループホールディングス ホームページ

まとめ

- □ 野心的な目標を掲げることで、より大きな成果を目指す
- □ 目標を公表して、目標達成の力に変えることが大事

ポイント④ 社内にESGの意識を浸透させる

地道な努力なくして、ESG を社内に浸透させられない

ESG 経営を行ううえで経営層によるトップダウンの推進は大切ですが、実際に実務を行う従業員が経営層の意図を理解できなかったり、面倒なことと感じているようでは ESG 経営は前進しません。これから ESG 活動を行おうとしている企業にとって、従業員にその意義を浸透させることが重要になってきます。

しかし、ESG の意義を社内に浸透させるのは口で言うほど簡単ではありません。そもそも中小企業は、時間もお金も大企業のように潤沢ではありませんから難問と考えがちでしょうし、社内にオールド資本主義的な発想の人が多ければなおさら大変に思えます。

残念ながら、**社内への浸透に特効薬はありません。**究極的には、ESG の意義を自分ごととして考えられるようなるまで**「繰り返し言い続ける」という泥くさい努力をあきらめずに続けること**です。

右ページでは自動車部品大手アイシンの事例を紹介しています。それを見ると、SDGs などと絡めながら ESG の理解度を深めるために階層別の研修会や勉強会を実施したり、社内報やポスターで啓蒙をするなど、大企業でも特別なことをしているわけではないのです。

考え方によっては、従業員が少ない中小企業のほうが、むしろ社内に浸透させるのは簡単です。最初は何をすべきか手探りかもしれませんが、他社の社内浸透の実施事例を参考にしながら自社の風土に合った工夫をして社内に ESG 意識を醸成することができれば、のちのち ESG 活動は加速し、明るい未来につながる大きな力になるはずです。

アイシン精機の社内浸透の活動内容

①グループ社内報でのSDGs・ESG特集

従業員への啓発活動として、国際社会の動き、グループのめざす姿と優先課題や具体的な実施内容をわかりやすく解説し、全世界の従業員へ多言語で展開。

②社内イントラサイトでSDGs・エネルギーの活動内容を連載

全員参加でSDGsに取り組んでいくため、グループのSDGsの取り組みや、グループとエネルギーとの関わりなどを、さまざまな角度から連載で紹介。

③工場向けSDGs啓発ポスターの発行

工場従業員へSDGsの基本事項を理解し、自業務・自分とのつながりに気づいてもらうため、ポスターを発行し工場に掲示。

④SDGs・ESG基礎教育の実施

グループ全体でSDGs・ESG基礎教育の強化を図り、理解浸透のベースを構築するため、国内外スタッフ向けに教育を実施。

- SDGs・ESG eラーニングの実施
- 音声ガイド付きSDGs・ESG基礎教育資料の展開

⑤階層別SDGs・ESG研修・勉強会の実施

グループのSDGs・ESGの活動状況を深く理解してもらうため、階層別研修・勉強会を実施。

《役員向け》
- SDGs・ESG経営講演会
- TCFD(P.98)講演会
- 統合報告勉強会
- 新任役員研修

《推進者(キーパーソン)向け》
- SDGs・ESG講演会
- SDGs体験型研修
- 統合報告勉強会

《一般従業員》
- 新入社員研修
- 技術者向けCASE(※)/SDGs講演会
- 営業者向けCASE/SDGs勉強会
- 希望する職場向けSDGs勉強会

⑥自己の業務とSDGsの関連づけ

2030年目標の達成に向けた取り組みの加速を図るため、自己の業務とSDGsの関連づけを行い、SDGsの達成に向けて実施したことを人事コミュニケーションツールへ記入することで、従業員一人ひとりによるSDGsの「自分ごと化」を促進。

※CASE……自動運転やシェアリングなど次世代型のモビリティサービス

出所:アイシン ホームページ

まとめ

- □ ESG意識を社内に浸透させるための特効薬はない
- □ 結局は社員に地道に繰り返し説明するのが近道

Column

経済成長を牽引するアジアの気になる「ESG」

アジアは21世紀の経済成長を牽引する地域として、世界から注目を集めています。アジア諸国も新型コロナによって大きな経済的ダメージを受けましたが、国際通貨基金（IMF）の予測によれば、2021年のアジア新興国の成長率は、前年の-1.1%から+8.3%に急回復する見通しです。これは米国の+5.1%や欧州の+4.2%、日本の+3.1%、世界平均の+5.5%を大きく上回ります。

ワクチン接種が進み、感染拡大の収束にメドがつけば、世界の生産拠点ともいえるアジアの新興国の経済活動は活発化します。経済成長にともなって中間層が増えており、一大消費地としてアジアの存在感がますます大きくなるはずです。

そのアジアの新興国が持続的な経済成長を実現するための重要なポイントとされるのが「ESGの積極化」です。経済活動が本格的に活発化すれば、エネルギー需要や資源消費量が再び増えることは間違いありません。依然、南アジアを中心に強制労働や児童労働など、現代奴隷制の被害者が多いのも懸念点です。また、2021年2月にミャンマーで発生した軍部によるクーデターをきっかけとする人権問題などもあります。

世界の投資家や消費者のESGに対する視線は厳しさを増しています。経済成長にともなって環境破壊や人権侵害などの問題が深刻化している国々もあります。世界の投資家や消費者からESGの観点から問題があると見なされれば、欧米などからの投資は滞り、生産されたものも消費者から忌避されます。アジア諸国でもESGに対する意識は高まっているものの、世界の人々の目に見えるかたちで山積する問題を解決することが求められています。

Part 7

先進的な実践事例から
ESGを学ぶ

ESG経営を行う大企業の戦略を見てみよう

事例①欧米主導のルールを変えさせた「ダイキン工業」

フロンガスの国際規格を有利になるように改定した

空調や冷媒の世界的メーカーと知られるダイキン工業は、海外事業比率77%が示すように事業を世界展開することで成長してきました。同社は、**戦略的に国際規格の改定に関与することで自社のグローバル展開を有利に進め、事業拡大に成功した**ことで知られています。

かつて、主力商品であるエアコンの冷媒としてフロンが使われていました。ところが1970年代にオゾン層破壊の原因であることがわかると、当時使われていた「特定フロン」の全廃が世界的コンセンサスになります。1987年に採択されたモントリオール議定書で将来的な廃止が盛り込まれ、「代替フロン」への移行が計画されました。ところが代替フロンは温室効果が高いことが判明し、1997年に採択された京都議定書では、それも削減する方向性が打ち出されました。

同社は、「R32」というオゾンを破壊せず、かつ温室効果も比較的低い冷媒を開発していました。しかし、当時の国際規格ISO817では削減対象となる「代替フロン」に分類されるものでした。そこで**国際規格づくりを主導していた欧米の各国政府などへ積極的にロビイングを行うなどして、ISO817に新しいカテゴリーをつくることで「R32」を削減対象から除外するように働きかけました。**長い時間をかけた交渉の末、同社の主張どおりISO817のカテゴリー区分は修正され、現在ではR32が冷媒として広く普及しています。

しかし、ルール形成は一度決まったら終わりではありません。現在、R32も温室効果を理由に削減が国際的に検討されるようになっており、ダイキン工業は新たな戦いに挑んでいます。

ダイキン工業が改定に成功したISO817と業績の推移

企業概要

社名：ダイキン工業
売上高（2020年9月期）：2兆4,934億円
本社：大阪府大阪市
事業内容：空調・冷凍機、化学、油機および特機製品の製造・販売

ダイキン工業が実現したISO817の改定

《以前のカテゴリー》

	A 低毒性	B 高毒性
高可燃	3	3
可燃	2	2
不燃	1	1

《実現した新カテゴリー》

	A 低毒性	B 高毒性
高可燃	3	3
可燃	2	2
微燃	2L	2L
不燃	1	1

このカテゴリーを新設することに成功して「R32」が使えるようになった！

※数字は燃焼性のカテゴリーを示している　出所：経済産業省「国際標準化の動向とルール形成戦略について」

ダイキン工業の売上高と営業利益の推移

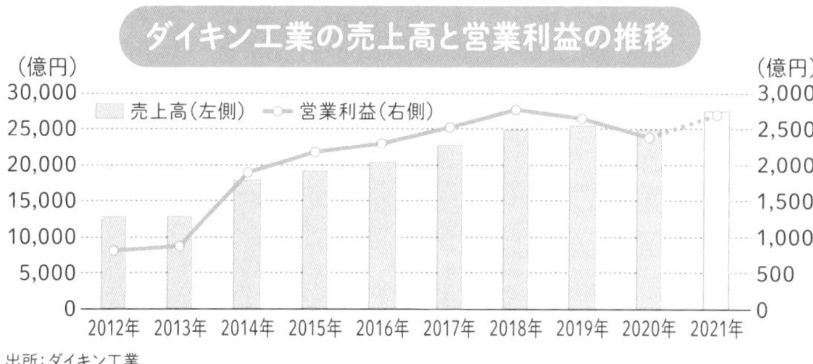

出所：ダイキン工業

ダイキン工業は、自社に有利になるカテゴリーの新設を、欧米で働きかけて認めさせ、その後の成長につなげた！

まとめ

- □ ルールを変えることで、「自社の利益」と「環境保護」を両立
- □ 日本企業は国際規格の改定に関与する意識がまだまだ低い

事例②国際規格に合致したバイオ燃料を開発した「ユーグレナ」

国際規格に適合する製品でなければ世界とは戦えない

航空機は鉄道、船舶などよりも同じ輸送量あたりの温室効果ガス排出量が多く、航空業界は世界全体の排出量の約2%（うち国際航空は1.3%）を占めています。コロナ禍が終われば、とくに国際航空由来の排出量は右肩上がりとなると見られており、脱炭素社会を目指すなかで排出量削減は航空業界の喫緊の課題となっています。

これまで国際民間航空機関（ICAO）が主導して、排出量削減を目的とする国際ルールづくりが行われてきました。そのひとつが2021年より運用が開始されたCORSIA（国際民間航空のためのカーボン・オフセットおよび削減スキーム）です。CORSIAはその名のとおり、各航空会社が温室効果ガス排出量増加分の排出枠購入によるオフセット（相殺）の義務化と、排出量が少ない「バイオジェット燃料」を削減対策の柱としています。

2021年3月、東京大学発のベンチャー企業であるユーグレナが開発した、ミドリムシ由来のバイオジェット燃料の実証プラントでの導入技術が、**国際規格であるASTM規格の認証を取得**しました。「日本をバイオ燃料先進国に」のスローガンのもと、バイオジェット燃料の研究開発に地道に取り組んできたことが結実しはじめており、2021年9月期中に国産で初となるバイオジェット燃料による有償フライトの実現を目指しています。

ESG経営の重要課題に「環境の負荷の軽減」「持続可能な商品の実現」を掲げ、長期的視点で時代のニーズに合致する商品を開発してきたことで、近い将来チャンスをつかむことになりそうです。

バイオジェット燃料のしくみとユーグレナ社の重要課題

企業概要
社名：ユーグレナ
売上高（2020年9月期）：133億1,700万円
本社：東京都港区
事業内容：ユーグレナなどの微細藻類のバイオ燃料技術開発など

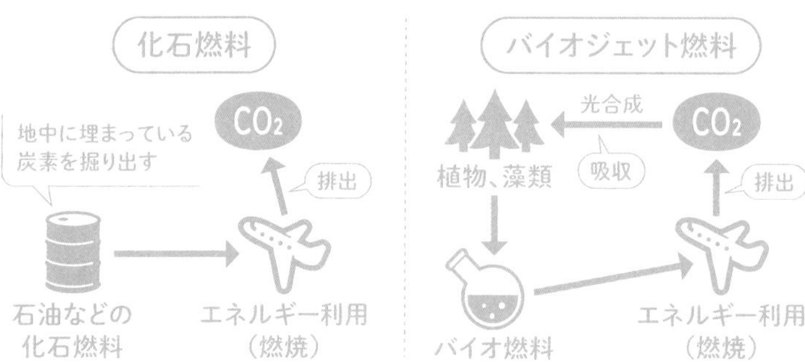

バイオジェット燃料は化石燃料と同様にエネルギー利用時にCO_2を排出するが、原料となるミドリムシに含まれる葉緑素の光合成時にCO_2を吸収するため排出量は相殺され、「カーボン・ニュートラル」になると考える。

ユーグレナのESG経営の重要課題

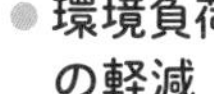
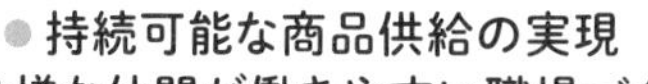

- 環境負荷の軽減
- 持続可能な商品供給の実現
- 多様な仲間が働きやすい職場づくり
- ステークホルダー・エンゲージメント
- 経営基盤の強化

出所：ユーグレナ ホームページ

まとめ
- □ 次世代を見据えた商品開発をしないと時代に取り残される
- □ 国際規格の認証を早期に得れば、ビジネスチャンスが広がる

事例③「花王」のESG戦略「Kirei Lifestyle Plan」とは

国内外でもESG評価が高い「花王」のESG戦略

生活用品大手の花王は積極的なESG活動が国内外で高く評価されている、国内のESG先進企業です。

近年、**日本のトップ企業は、長期志向で市場環境の変化を予測しながら商品やビジネスモデルを考える経営にシフト**しています。同社も2030年までに達成を目指すSDGsにどう貢献するか、サステナブルを求める消費者のニーズにどう応えるかという視点から、2030年を見据えて中長期スパンでESG対応を行っています。

さまざまな社会的課題が消費者ニーズに変化を及ぼすなか、同社は消費者が求める持続可能な暮らしを「Kirei Lifestyle」と定義。それを実現するためのESG戦略「Kirei Lifestyle Plan（KLP）」（右ページ参照）を策定しています。その内容は、環境や社会に関する2030年までに実現したい3つのコミットメントと、それを実現するためのアクション、ガバナンスの指針となる「正道を歩む」で構成されています。KLPはあらゆる事業活動とESG課題の解決が結びつくよう設計され、その内容は多岐にわたります。同社のホームページや2021年5月に公表した「花王サステナビリティ データブック」を見れば、「ここまでしなければいけないのか」と思えるほど、徹底して事業活動にESGを織り込んでいることがわかります。テーマごとに目標に対し、進捗状況も公表（一部は2022年公表予定）しており、その測定方法も解説してくれています。

グローバル企業では花王のような活動は当たり前になりつつあるので、日本企業が目指すべき羅針盤として参考になります。

花王のESG戦略の概要

企業概要

- 社名：花王
- 売上高（2020年12月期）：1兆3,820億円
- 本社：東京都中央区
- 事業内容：家庭用製品、化粧品、食品の製造、販売など

花王のESG戦略「Kirei Lifestyle Plan」

このすべての項目についてホームページで詳細な情報を発信している！

My Kirei Lifestyle

	快適な暮らしを自分らしく送るために	思いやりのある選択を社会のために	よりすこやかな地球のために
2030年花王のコミットメント	2030年までに、世界中の人々の、まずは10億人をめざして、よりこころ豊かな暮らしに貢献します。より清潔で、健康に、安心して年齢を重ね、自分らしく生きられるように。	2030年までに、より活力と思いやりのある社会の実現のために、すべての花王ブランドが、小さくても意味のある選択を生活者ができるように提案をします。	2030年までにすべての花王製品が、全ライフサイクルにおいて、科学的に地球が許容できる範囲内の環境フットプリントとなるようにします。
花王のアクション	● QOLの向上 ● 清潔で美しくすこやかな習慣 ● ユニバーサルプロダクト デザイン ● より安全でより健康な製品	● サステナブルなライフスタイルの推進 ● パーパスドリブンなブランド ● 暮らしを変える製品イノベーション ● 責任ある原材料調達	● 脱炭素 ● ごみゼロ ● 水保全 ● 大気および水質汚染防止
正道を歩む	実効性のあるコーポレートガバナンス／徹底した透明性／人権の尊重／人財開発／受容性と多様性のある職場／社員の健康増進と安全／責任ある化学物質管理		

出所：花王 ホームページ

まとめ

- □ 花王のESG戦略は長期志向で経営を考える手本になる
- □ 花王のようなアクションはグローバル企業では当たり前に

事例④物言う株主を社外取締役に招聘した「オリンパス」

ガバナンス強化を狙って「物言う株主」を社外取締役に

一定数以上の株式を保有することで投資先企業に経営戦略などを提案し、企業価値を高めてから株式を売却して利益を得ようとする投資ファンドなどのいわゆる物言う株主（アクティビスト）は、一般的に企業にとって厄介な存在とみなされてきました。なぜなら、自らの利益のために、企業の経営陣に敵対的な要求を突きつけたり、株を買い占めて企業を乗っ取る事例が少なくなかったからです。

ところが、2019年1月に光学・電子機器メーカーのオリンパスが、アクティビストと見られていた、株式の約5%を保有する米国の投資会社バリューアクト・キャピタル（以下、VAC）から社外取締役を迎え入れて、大きな話題になりました。

その狙いは、**外部からの目線を取り入れることで取締役会の多様性を高め、企業体質の変革を進めること**にありました。

VACから送り込まれた社外取締役は、オリンパスが注力するヘルスケア分野に知見がある人物でした。取締役会では客観的な視点で厳しい指摘をしつつ、短期的利益を追わせるような細かい口出しはしなかった結果、議論が明らかに活発になり、経営に対するモニタリング機能の強化など大きな効果を挙げたといいます。

その後、それまでなかなか決断できなかった、経営の足かせになっていたデジタルカメラを中心とする映像事業の売却を決定。消化器内視鏡をはじめとする内視鏡事業、成長著しい治療機器事業を中心とする「選択と集中」を進めました。その結果、2021年3月期の営業利益は、映像事業の売却前の3倍以上になりました。

物言う株主を社外取締役にして事業再編を断行したオリンパス

企業概要
社名：オリンパス
売上高（2021年3月期）：7,305億4,400万円
本社：東京都新宿区
事業内容：精密機械器具の製造販売

オリンパスの取締役の構成（2021年5月末現在）

オリンパスの事業再編前後の売上高・営業利益

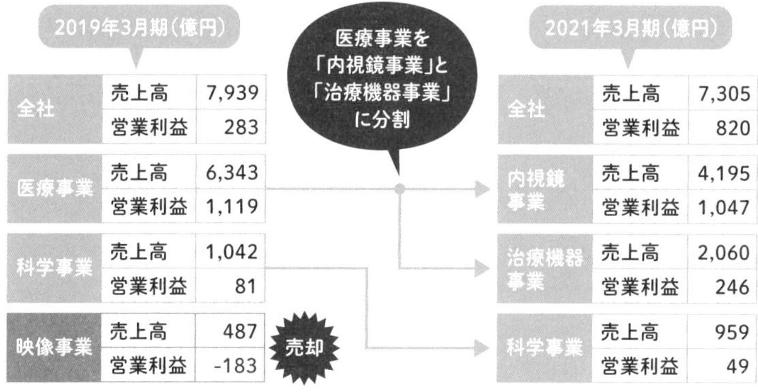

2019年3月期（億円）

全社	売上高	7,939
	営業利益	283
医療事業	売上高	6,343
	営業利益	1,119
科学事業	売上高	1,042
	営業利益	81
映像事業	売上高	487
	営業利益	-183

2021年3月期（億円）

全社	売上高	7,305
	営業利益	820
内視鏡事業	売上高	4,195
	営業利益	1,047
治療機器事業	売上高	2,060
	営業利益	246
科学事業	売上高	959
	営業利益	49

出所：オリンパス資料

まとめ
- □ 物言う株主を社外取締役にするケースは少なかった
- □ 取締役会に外部の厳しい目を入れることは大事

事例⑤日本初のESG目標と連動する社債で資金調達した「ヒューリック」

目標未達なら、投資家に対する支払利息を上乗せ

2020年10月15日、不動産大手のヒューリックは日本初となる「**サステナビリティ・リンク・ボンド（SLB）**」を発行して注目を浴びました。SLBとは、**ESG目標と発行条件が連動する社債**のことで、社債の発行体（ヒューリック）がサステナビリティに関するSPTs（P.128）を設定し、その達成状況に応じて発行条件が変わるのが特徴です。同社は、SLBの発行にあたって2つのSPTsを設定し、どちらか一方でも達成できなかった場合、投資家に支払う利息の利率を0.1％上乗せ（クーポンステップアップ）する条件を付けました。2つのSPTsは、サステナビリティ重視を打ち出した、2020年を開始年とする10年間の中長期経営計画に基づいたものです。

SLBを発行する最大の目的は資金調達です。それならば、通常の社債を発行してもいいはずですが、あえてSLBで資金調達したのはメリットがあるからです。

まず、ESG目標を公表することでサステナビリティに向き合う姿勢を示すことができ、投資家から信頼を得られる効果が期待できます。実際にESG投資に力を入れる、大手資産運用会社、大手生保、信用組合や信用金庫などがこのSLBに投資しました。

また、設定した目標を達成できなければ、追加コストを支払うというハードルを自らに課すことで、追加コストを避けたいという気持ちを目標達成の覚悟に変えることを狙っているといえます。

同社は社債の発行を資金調達の手段としてだけでなく、社内のESG活動を加速させることにも利用したのです。

ヒューリックが発行したサステナビリティ・リンク・ボンド(SLB)

企業概要
社名:ヒューリック
売上高(2020年12月期):914億9,400万円
本社:東京都中央区
事業内容:不動産の所有・賃貸・売買ならびに仲介業務

サステナビリティ・リンク・ボンド(SLB)とは

SLB Sustainability-Linked Bond
サステナビリティ・リンク・ボンド

発行体が事前に設定したサステナビリティ/ESG目標の達成状況に応じて、条件が変化する可能性のある債券のこと。環境対策につながる事業に使途が限定される「グリーン・ボンド」や社会的課題の解決につながる事業に使途が限定される「ソーシャル・ボンド」とは異なり、資金の使途に制限はない。

ヒューリックが発行したSLBの概要

ヒューリック株式会社第10回無担保社債(社債間限定同順位特約付)(サステナビリティ・リンク・ボンド)			
発行年限	10年	発行額	100億円
発行条件と連動するSPTs	①2025年までに事業活動で消費する電力を100%再生可能エネルギーにする「RE100」を達成 ②2025年までに銀座8丁目開発計画における日本初の耐火木造12階建て商業施設を竣工		
利率	●2020年10月15日の翌日から2026年10月15日までにおいては、年0.44% ●2026年10月15日の翌日以降においては、2026年8月31日において、発行条件と連動するSPTsのいずれかが未達の場合、0.10%のクーポンステップアップが発生		
条件決定日	2020年10月9日	発行日	2020年10月15日
償還日	2030年10月15日	取得格付	A+(日本格付研究所)

まとめ
- □ ESG目標と発行条件が連動する社債が「SLB」
- □ SLBは社内のESG活動の本気度をアップさせる

事例⑥サステナビリティに邁進するアパレル大手「インディテックス」

徹底したESG対応で持続可能性を追求するアパレルの雄

「ZARA」で知られるスペインのインディテックスは、アパレル業界でもESGに先進的な企業として知られ、「その時点で消費者に受け入れてもらえなくても正しいことは躊躇なくやる」という強い意志のもと、さまざまなESG活動を独自のアプローチで行っていることで知られています。**同社が掲げる数値目標は、世界各国の政府が設定する環境目標より厳しいものが多い**ほどです。

大量の在庫破棄が問題視されるアパレル業界にあって、その削減に注力し、廃棄率を限りなくゼロに近くしただけでなく、配送に使われる箱はすべて再生段ボールに、レジ袋もビニールから紙素材に切り替えています。世界中の店舗に古着を回収するコンテナを設置し、スペイン国内や上海などの一部の都市では、通販で購入した人向けに自宅での引き取りサービスも実施。回収した古着は、赤十字や非営利団体を通じて寄付もしくはリサイクルされています。

当然のことながら、同社のESG対応は製品に関することだけにとどまりません。2025年までに本社などのオフィスや配送センター、世界中の全店舗（2020年1月末現在、6,829店舗）など同社全体の使用エネルギーの80%を再生エネルギー化する予定です。店舗の照明システムは本社で監視できるほか、エネルギー効率を測定するソフトウエアを導入して「見える化」も実現しています。

報酬制度にもサステナビリティに関する達成度が反映されるしくみを導入するなど徹底したESG対応は、投資家や消費者を先回りするほどで、こうした姿勢は高く評価されています。

インディテックスのサステナブル目標

会社概要

社名：インディテックス
売上高（2021年3月期）：204.02億ユーロ（約2兆6,500億円）
本社：スペイン・アルティショ
事業内容：衣料品などの製造・販売

同社のサステナビリティに関する5つのコミットメント

サステナビリティ

- サプライチェーンの持続可能性
- 再生可能エネルギーの使用
- 持続可能な生地への転換
- 環境効率の高い店舗への転換
- 廃棄物ゼロ／リサイクルポリシー

同社が設定した2020年目標とその結果

- 100%の店舗をエコショップに転換《達成》
- 100%の店舗に使用済み衣料品のコンテナを設置《達成》
- 「JOIN LIFE」ラベル付きの衣料を25%以上に《35%》
- 森林認証を受けた繊維を100%使用《達成》
- すべての傘下ブランドでレジ袋を廃止《達成》
- 繊維製品製造時の化学物質の適正管理を行うことを目的とした「ZDHC」にコミット《達成》
- 自社設備のエネルギーの65%を再生可能エネルギーに《80%》

2023年までに達成を目指す野心的な目標（設備からの廃棄物ゼロなど）を掲げ、サステナビリティ重視の戦略を推進！

まとめ

- ☐ 消費者よりもさらに先を行くESG対応で高い評価を得ている
- ☐ 事業活動全体で「持続可能性」を意識した経営を実施

事例⑦広い視野でESG活動を行う「スターバックス」

▶積極的にESGを実践する姿勢が消費者の共感を得る

全世界90カ国・地域で3万2,943店舗、日本では1,640店舗（いずれも2021年3月末現在）を展開するスターバックスは、いちはやくESGに注力してきた企業として知られています。

環境負荷軽減に向けて、世界規模で毎年推計10億本も使われていたプラスチック製ストローを2020年末までに全廃したことは日本でも話題になりました。このほかにもマイボトルの推奨や環境に配慮した店舗の出店など、環境負荷軽減を重んじた活動を展開して、消費者からも高く評価されています。

じつは、同社は**数十年前から「営利企業としての役割と、人と地球のより良い未来とのバランスを取ること」に重点を置くことを宣言**していました。右ページにあるような同社の活動を見れば、いま慌ててESGに"取り組もう"としている日本企業よりもはるかに広い視野を持っていることがわかるはずです。

小規模コーヒー生産者は収穫前に資金不足に陥り、バイヤーに不当に安い価格で買い叩かれることが少なくありません。そこで、コーヒー生産者に低金利融資を行う非営利団体に投資し、財政面から支援を続けています。具体的な目標を掲げて「難民の雇用」を行うのも日本企業ではほとんど見られない活動です。

同社はより幅広く環境や社会に貢献し、消費者からも共感を得られる活動を具体的な目標を掲げて行動に移しています。**こうした活動は、消費者をはじめとするステークホルダーのロイヤルティを高めることに大きく寄与しています。**

スターバックスのESG活動の概要

企業概要

社名：スターバックス
売上高（2020年9月期）：235.18億米ドル（約2兆5,870億円）
本社：米国ワシントン州シアトル
事業内容：コーヒーストアの経営、コーヒーの販売など

2019年度のESG活動の進捗と目標

S エシカルに調達されたコーヒー
99%
目標 100%

E 環境に配慮した店舗数
741店舗
目標 2025年までに世界で1万店舗

G シニアリーダーシップにおける女性の割合
42%
目標 50%

S 難民の雇用
2,100人
目標 2022年までに世界中で1万人を雇用

S 農家への低金利融資
4,600万ドル
目標 2020年末までに5,000万ドルを融資

「利益の追求＝人間らしさを大切にする社会の追求」と定義し、地球にも有益で利益もプラスになる活動を実践している！

出典：スターバックス「2019 スターバックス グローバル ソーシャル インパクト レポート」

まとめ

- ☐ 日本企業よりも幅広い視野でESG活動を行っている
- ☐ 他社にないESG活動で消費者の共感を呼ぶ好循環を生む

Index

数字・アルファベット

あ 行

か 行

■ 問い合わせについて

本書の内容に関するご質問は、下記の宛先までFAXまたは書面にてお送りください。
なお電話によるご質問、および本書に記載されている内容以外の事柄に関するご質問には
お答えできかねます。あらかじめご了承ください。

〒162-0846
東京都新宿区市谷左内町21-13
株式会社技術評論社　書籍編集部
「60分でわかる！　ESG超入門」質問係
FAX：03-3513-6181

※ご質問の際に記載いただいた個人情報は、ご質問の返答以外の目的には使用いたしません。
また、ご質問の返答後は速やかに破棄させていただきます。

60分でわかる！ ESG超入門

2021年7月31日　初版　第1刷発行
2021年8月12日　初版　第2刷発行

著者……バウンド
監修……夫馬賢治（株式会社ニューラル）

発行者……片岡　巌
発行所……株式会社 技術評論社
東京都新宿区市谷左内町 21-13
電話……03-3513-6150　販売促進部
03-3513-6185　書籍編集部
編集……有限会社バウンド
担当……橘　浩之
装丁……菊池　祐（株式会社ライラック）
本文デザイン・DTP……山本真琴（design.m）
製本／印刷……大日本印刷株式会社

ISBN978-4-297-12205-8 C0034
Printed in Japan